普通高等教育“十一五”精品规划教材

土力学土质学试验指导

朱银红　蒋亚萍　刘宝臣　合编

内 容 提 要

本书参考国标《土工试验方法标准》(GB/T 50123—1999)和水利部规程《土工试验规程》(SL 237—1999)而编写，内容包括颗粒分析试验，液塑限试验，密度试验，固结试验，直接剪切试验，压缩试验，三轴压缩试验，回弹模量试验，渗透试验等，目的是为方便学习《土力学》、《土质学》中的土工试验内容，加深对相关理论知识的理解。

本书可供土木工程、勘察技术与工程和水文地质工程地质等专业学科的学生学习相关理论课程时试验所用，另外对从事土工试验、岩土工程勘察的技术人员也具有参考价值。

图书在版编目(CIP)数据

土力学土质学试验指导/朱银红，蒋亚萍，刘宝臣编.—北京：中国水利水电出版社，2010.3(2014.11重印)
普通高等教育“十一五”精品规划教材
ISBN 978-7-5084-7289-8

Ⅰ.①土… Ⅱ.①朱…②蒋…③刘… Ⅲ.①土工试验-高等学校-教材 Ⅳ.①TU41

中国版本图书馆CIP数据核字(2010)第037165号

书　名	普通高等教育“十一五”精品规划教材 **土力学土质学试验指导**
作　者	朱银红　蒋亚萍　刘宝臣　合编
出版发行	中国水利水电出版社 (北京市海淀区玉渊潭南路1号D座　100038) 网址：www.waterpub.com.cn E-mail：sales@waterpub.com.cn 电话：(010) 68367658(发行部)
经　售	北京科水图书销售中心(零售) 电话：(010) 88383994、63202643、68545874 全国各地新华书店和相关出版物销售网点
排　版	中国水利水电出版社微机排版中心
印　刷	北京市北中印刷厂
规　格	184mm×260mm　16开本　4.75印张　113千字
版　次	2010年3月第1版　2014年11月第2次印刷
印　数	2001—4000册
定　价	**10.00**元

凡购买我社图书，如有缺页、倒页、脱页的，本社发行部负责调换

前言

实验教学是大学教学必不可少的一个重要实践环节。通过试验教学，不仅能使学生掌握必备的理论知识、实验方法和技能，而且可充分激发学生学习科学文化的兴趣和求知欲，提高他们的思维能力、想象能力、判断能力、试验操作能力以及综合应用能力等。

《土力学》是土木工程专业的专业基础课，《土质学》是勘察技术水工专业的专业基础课，学好这两门课程，对于这两个专业学生知识体系的形成和技能培养至关重要。而土工试验作为《土力学》和《土质学》教学的重要组成部分，它能最大限度地调动学生的学习积极性，激发其浓厚的学习兴趣，进而培养学生实事求是的严谨的科学态度和独立分析问题、解决问题的工作能力及协作能力。

我校的土工试验室，拥有先进的试验设备，可为土木工程、勘察技术、工程管理等专业的本科及高职开出15项土工试验，供学生课内和课外开放试验所用，根据不同专业教学大纲的要求开设不同的试验项目。对于教学大纲所要求的课内试验项目，很多学校均采用自编校本教材作为学生的土工试验指导书，而学生进行课外开放性试验时则没有相应的参考资料，编者经过一年多的努力，最终完成了《土力学土质学试验指导》教材的编写工作。本教材以国标《土工试验方法标准》(GB/T 50123—1999)和水利部规程《土工试验规程》(SL 237—1999)为主要依据，参考部分院校的土工试验教学教材编写而成，供相关专业学生课内外使用。

本试验指导除包括大纲要求的试验项目（以*号标出），还包括学生课外开放试验的项目，供学生自行选做，以丰富课外生活。

另外本试验指导还可供《土力学》、《土质学》的自学者参考。

本教材受到桂林理工大学教材建设基金、桂林理工大学水污染控制实验教学中心（国家级）资助，特此致谢。

由于编者编写时间与能力有限，书中难免存在错漏之处，敬请读者批评指正。

编者

2009年12月

目 录

前言

试验一　颗粒分析试验……………………………………………………………… 1

第一节　筛析法……………………………………………………………… 1

第二节　密度计法（比重计法）……………………………………………… 4

试验二　土粒相对密度试验（相对密度瓶法）………………………………… 12

试验三　含水率试验………………………………………………………… 15

试验四　测定土的液限和塑限……………………………………………… 17

第一节　锥式液限仪测液限……………………………………………… 17

第二节　搓条法测塑限……………………………………………………… 19

第三节　液限、塑限联合测定法…………………………………………… 21

试验五　测定土的密度……………………………………………………… 24

第一节　环刀法……………………………………………………………… 24

第二节　蜡封法……………………………………………………………… 26

试验六　固结试验…………………………………………………………… 28

第一节　压缩试验（杠杆式压缩仪法）………………………………… 28

第二节　高压固结试验……………………………………………………… 32

试验七　直接剪切试验……………………………………………………… 36

试验八　三轴压缩试验……………………………………………………… 41

试验九　击实试验…………………………………………………………… 50

试验十　回弹模量试验（杠杆压缩仪法）………………………………… 54

试验十一　渗透试验………………………………………………………… 57

附录　试验记录表…………………………………………………………… 62

参考文献……………………………………………………………………… 69

结束语………………………………………………………………………… 70

试验一　颗粒分析试验

天然土是由大小不同的颗粒所组成的，从大到几十厘米的漂石至小到几微米的胶粒，土颗粒的大小相差悬殊。土粒的粒径从粗到细逐渐变化时，土的性质也随之相应的发生变化，在工程上把粒径大小相近的土粒，按适当的粒径范围归并为一组，称为粒组，各个粒组随着粒径分界尺寸的不同而呈现出一定的质的变化。土粒的大小及其组成情况，通常以各个粒组的相对含量（各粒组占土粒总量的百分数）来表示，称为土的颗粒级配。由于土粒的形状往往是不规则的，因此很难直接测量土粒的大小，只能用间接的方法来定量地描述土粒的大小及各种颗粒的相对含量。

颗粒分析试验就是测定土中各种粒组所占该土总质量的百分数的试验方法，借以了解颗粒大小分布的情况，供土的分类定名，概略判断土的工程性质及建材选料所用。常用的方法有两种，对粒径大于 0.075mm 的土粒常用筛析法，而对小于 0.075mm 的土粒则用沉降分析的方法，沉降分析又分为密度计法和移液管法。

第一节　筛　析　法*

一、基本原理

筛析法是利用一套孔径不同的标准筛，来分离一定量的砂土中与孔径相应的粒组，而后称量、计算各粒组的相对含量，确定砂土的粒度成分。由于筛孔径过小时在制造和分离技术上有困难，故此法只使用于分离粒径大于 0.075mm、小于 60mm 的粒组。本试验可测定粗粒土中各种粒组所占该土总质量的百分数，借以明确颗粒大小分布情况，供土的分类与概略判断土的工程性质及选料之用。

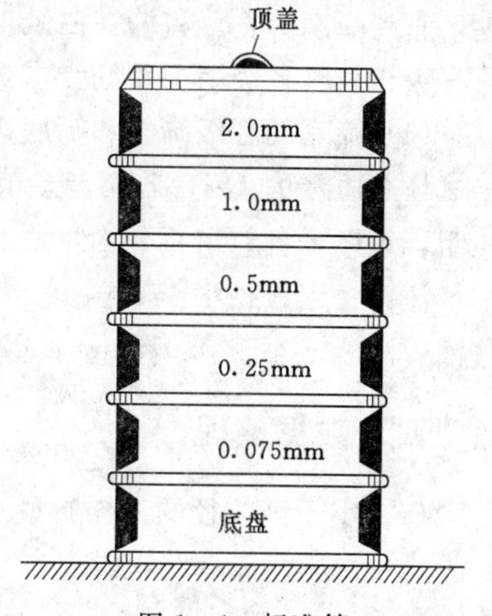

图 1-1　标准筛

二、仪器设备

(1) 标准筛一套（图 1-1）：粗筛，孔径为 60mm、40mm、20mm、10mm、5mm、2mm；细筛，孔径为 2.0mm、1.0mm、0.5mm、0.25mm、0.075mm。

(2) 普通天平：感量 0.1g，称量 500g（细筛分析

* 教学大纲要求的实验项目。

用)；感量 1g，称量 5000g（粗筛分析用)。

(3) 其他：瓷钵及橡皮头研棒，毛刷、白纸、直尺等。

三、操作步骤

(1) 称取风干土样。从松散的或研散的土样中取代表性试样，其数量如下：

最大粒径小于 2mm 者，取 100～300g。

最大粒径在 2～10mm 之间，取 300～900g。

最大粒径在 10～20mm 之间，取 1000～2000g。

最大粒径在 20～40mm 之间，取 2000～4000g。

最大粒径 40～60mm 者，取 4000g 以上。

用四分法来选取试样，方法如下：将土样拌匀，倒在纸上成圆锥形。然后用直尺以圆锥顶点为中心，向一定方向旋转，使圆锥成 1～2cm 厚的圆饼状。继而用直尺划两条相互垂直的直线，使土样分四等份，取走相对的两份，将留下的两份拌匀，重复上述步骤，直到剩下的土样约等于需要的量为止（图 1-2)。

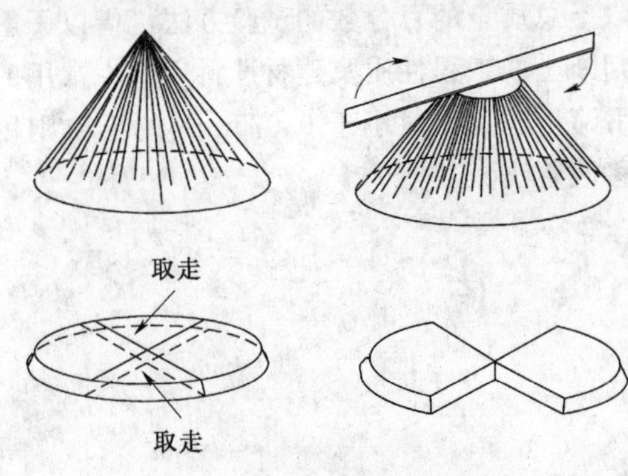

图 1-2　四分法取试样

(2) 将土样过 2mm 筛，称筛上和筛下的试样质量。当筛下的试样质量小于试样总质量的 10%，不作细筛分析；当筛上的试样质量小于试样总质量的 10%，不作粗筛分析。

(3) 取筛上的试样倒入依次叠好的粗筛中，筛下的试样倒入依次叠好的细筛中，进行筛析。细筛宜置于振筛机上振筛，振筛时间宜为 10～15min。再按由上而下的顺序将各筛取下，在白纸上用手将筛盘轻扣、摇晃，直到筛净为止。将漏在白纸上的土粒倒入下层筛盘内，如此顺序，直到最末一层筛盘筛净为止。称各级筛上及底盘内试样的质量，应准确至 0.1g。

(4) 筛后的各级筛上和筛底盘内的试样质量的总和与筛前试样总质量的差值，不得大于试样总质量的 1%，若两者差值小于 1%，可按实验过程中误差产生的原因分配给某些粒组，最终，各粒组百分含量之和应等于 100%。

注意：当粒径小于 0.075mm 的试样质量大于试样总质量的 10%时，应按密度计法或移液管法测定小于 0.075mm 的颗粒组成。

四、数据整理

(1) 小于某粒径的试样质量占试样总质量的百分比 X，按式 (1-1) 计算：

$$X = \frac{m_A}{m_B} \times d_x \tag{1-1}$$

式中　X——小于某粒径的试样质量占试样总质量的百分比，%；

m_A——小于某粒径的试样质量，g；

m_B——当细筛分析时或用密度计法分析时所取试样质量，粗筛分析时为试样总质量，g；

d_x——粒径小于 2mm 或粒径小于 0.075mm 的试样质量占总质量的百分数，如试样中无大于 2mm 粒径或无小于 0.075mm 的粒径，或作粗筛分析时，$d_x=100\%$。

(2) 制图。由试验结果可以绘制颗粒大小分布曲线：以小于某粒径的试样质量占试样总质量的百分比为纵坐标，颗粒粒径为横坐标，在半对数坐标上绘制颗粒大小分布曲线（也叫粒径级配曲线）。

(3) 不均匀系数按式（1-2）计算：

$$C_u = d_{60}/d_{10} \tag{1-2}$$

式中 C_u——不均匀系数；

d_{60}——限制粒径，颗粒大小分布曲线上的某粒径，小于该粒径的土含量占总质量的 60%；

d_{10}——有效粒径，颗粒大小分布曲线上的某粒径，小于该粒径的土含量占总质量的 10%。

(4) 曲率系数按式（1-3）计算：

$$C_c = d_{30}^2/(d_{10} \times d_{60}) \tag{1-3}$$

式中 C_c——曲率系数；

d_{30}——颗粒大小分布曲线上的某粒径，小于该粒径的土含量占总质量的 30%。

五、注意事项

(1) 在进行筛析过程中，尤其是将试样由一器皿倒入另一器皿时，要避免或尽量减少微小颗粒的飞扬。

(2) 过筛后，要检查筛孔中是否夹有颗粒，若夹有颗粒时应将颗粒轻刷下，放入该筛盘上的土样中。

(3) 将留在各筛盘上的土粒称量，准确到 0.1g，并测量试样中最大颗粒直径。若大于 2mm 的颗粒超过全重 50%，则应再进行粗筛。

六、成果应用

试验结果可用于土的分类与定名，除有机土外，最合理的土的分类办法一般是根据颗粒级配划分出粗粒土和细粒土两大类，然后再将粗粒土根据级配，细粒土根据稠度进一步详细分类。

在颗粒大小分布曲线上查出几个特殊点 d_{60}、d_{30}、d_{10}，即可求得不均匀系数与曲率系数，用来判断土的级配和均一性，供工程使用。不均匀系数 C_u 反映大小不同粒组的分布情况，C_u 越大表示土粒大小分布的范围越大，其级配越良好，作为填方工程的土料时，则比较容易获得较大的密实度。曲率系数 C_c 则反映累计曲线的整体形态，当 $C_c>3.0$ 或 $C_c<1.0$ 时，曲线上会出现局部水平段即曲线的斜率不连续。当 $C_u>5.0$ 且 $1.0<C_c<3.0$ 时，土的级配良好，反之，则认为是级配不良的土。对于地基土或土料，粒径级配良好指粒径分布范围大，填塞较密实，颗粒大小分布曲线比较平缓，C_u 值较大，作为地基强度

高，压缩性低，透水性小，稳定性好。有渗流存在的情况下，C_u 太大时，比较容易发生潜蚀，是不利的。

七、思考题

（1）“粒组”与“粒度成分”两术语有什么区别？

（2）C_u 和 C_c 数值的大小，可反映粒径级配曲线的什么状况？

（3）根据试验记录，绘制粒径级配曲线，求 C_u 和 C_c，并说明该土的均一性。

八、试验记录

见附录中记录表 1-1 颗粒分析试验记录（筛析法）。

第二节　密度计法（比重计法）*

一、基本原理

密度计法是依据司笃克斯（ Stokes ）定律进行测定的。当土粒在液体中靠自重下沉时，较大的颗粒下沉较快，而较小的颗粒下沉则较慢。一般认为，对于粒径为 0.2～0.002mm 的颗粒，在液体中靠自重下沉时，作等速运动，这符合司笃克斯定律。

密度计法，是将一定量的土样（粒径小于 0.075mm ）放在量筒中，然后加纯水，经过搅拌，使土的大小颗粒在水中均匀分布，制成一定量的均匀浓度的土悬液（1000mL）。静止悬液，让土粒沉降，在土粒下沉过程中，用密度计测出在悬液中对应于不同时间的不同悬液密度，根据密度计读数和土粒的下沉时间，就可计算出粒径小于某一粒径 $d$mm 的颗粒占土样的百分数。

用密度计进行颗粒分析须作下列 3 个假定：

（1）司笃克斯定律能适用于用土样颗粒组成的悬液。

（2）试验开始时，土的大小颗粒均匀地分布在悬液中。

（3）所采用量筒的直径较比重计直径大得多。

二、仪器设备

（1）密度计：目前通常采用的密度计有甲、乙两种，这两种密度计的制造原理及使用方法基本相同，但密度计的读数所表示的含义则是不同的，甲种密度计读数所表示的是一定量悬液中的干土质量；乙种密度计读数所表示的是悬液比重。

1）甲种密度计，刻度单位以在 20℃时每 100mL 悬液内所含土质量的克数来表示，刻度为－5～50，最小分度值为 0.5。

2）乙种密度计（20℃/20℃），刻度单位以在 20℃是悬液的比重来表示，刻度为 0.995～1.020，最小分度值为 0.0002。

---

* 教学大纲要求的实验项目。

（2）量筒：容积为1000mL，内径约为60mm，高约42～45cm，刻度0～1000mL，分度值为10mL。

（3）孔径2mm，1mm，0.5mm，0.25mm和0.075mm的细筛以及孔径0.075mm的洗筛。

（4）洗筛漏斗：上口直径大于洗筛直径，下口直径略小于量筒直径。

（5）天平：称量1000g、最小分度值0.1g；称量200g、最小分度值0.01g。

（6）搅拌器：轮径50mm，孔径3mm，杆长约450mm，带螺旋叶。

（7）煮沸设备：电砂浴或电热板（附冷凝管装置）。

（8）温度计：刻度0～50℃、最小分度值0.5℃。

（9）其他：秒表、锥形烧瓶（容积500mL）、研钵、木杵、电导率仪等。

三、试剂

（1）分散剂：4%六偏磷酸钠溶液，在100mL水中溶解4g六偏磷酸钠［$(NaPO_3)_6$］。

（2）易溶盐检验试剂：5%酸性硝酸银溶液，在100mL的10%硝酸（HNO_3）溶液中溶解5g硝酸银（$AgNO_3$）。

（3）易溶盐检验试剂：5%酸性氯化钡溶液，在100mL的10%盐酸（HCl）溶液中溶解5g氯化钡（$BaCl_2$）。

四、操作步骤

（1）称取具有代表性的风干土样200～300g，过2mm筛，并求出留在筛上试样质量占试样总质量的百分比。

（2）测定通过2mm筛试样的风干含水率。

（3）称取干土质量为30g的风干试样。干土质量为30g的风干土样质量可按下式计算。

当易溶盐含量小于1%时按式（1-4）计算：

$$m_0 = 30 \times (1 + 0.01w_0) \tag{1-4}$$

当易溶盐含量不小于1%时按式（1-5）计算：

$$m_0 = \frac{30 \times (1 + 0.01w_0)}{1 - 0.01W} \tag{1-5}$$

式中 m_0——风干土质量，g；

w_0——风干土含水率，%；

W——易溶盐含量，%。

（4）当试样中易溶盐含量大于0.5%时，则说明试样中含有了足以使悬液成团下降的易溶盐，应进行洗盐。易溶盐含量的检验方法可采用电导法或目测法。

1）易溶盐含量检验有两种方法，分别为电导法和目测法。

a. 电导法。采用电导率仪，测定T℃时试样溶液（土水比为1∶5）的电导率，并按式（1-6）计算20℃时的电导率：

$$K_{20} = \frac{K_T}{1 + 0.02(T - 20)} \tag{1-6}$$

式中　K_{20}——20℃时悬液的电导率，μS/cm；

K_T——T℃时悬液的电导率，μS/cm；

T——测定时悬液的温度，℃。

当K_{20}大于1000μS / cm时，应进行洗盐。

b. 目测法。取风干试样3g于烧杯中，加适量纯水调成糊状，并用带橡皮头的玻璃棒研散，再加25mL纯水，煮沸10min，冷却后经漏斗注入30mL的试管中，静置过夜，观察试管，若试管中悬液出现凝聚现象，应进行洗盐。

2）洗盐方法。按式（1－4）或式（1－5）计算并称取干土质量为30g的风干试样质量，准确至0.01g，倒入500mL的锥形瓶中，加纯水200mL，搅拌后迅速倒入贴有滤纸的漏斗中，并注入纯水冲洗过滤，若发现滤液混浊，则必须重新过滤，直到滤液的电导率K_{20}小于1000μS/cm或对于5%酸性硝酸银溶液和5%酸性氯化钡溶液无白色沉淀反应为止。

（5）将风干试样或洗盐后在滤纸上的试样，倒入500mL锥形瓶，注入200mL纯水，然后浸泡过夜。

（6）将锥形瓶置于煮沸设备上煮沸，煮沸时间为40min～1h。

（7）将冷却后的悬液倒入烧杯中，静置1min，并将上部悬液通过0.075mm筛，遗留杯底沉淀物用带橡皮头的研杆研散，再加适量水搅拌，静置1min，再将上部悬液通过0.075mm筛，如此重复进行，直至静置1min后，上部悬液澄清为止，但是须注意的是，最后所得悬液不得超过990mL。

（8）将筛上和杯中砂粒合并洗入蒸发皿中，倒去清水，烘干，称量，然后进行筛孔径分别为2.0mm、1.0mm、0.5mm、0.25mm和0.075mm的细筛分析，并计算大于0.075mm的各级颗粒占试样总质量的百分比。

（9）将已通过0.075mm筛的悬液倒入量筒内，加入10mL的4%六偏磷酸钠分散剂，再注入纯水至1000mL。

（10）用搅拌器在量筒内，沿悬液深度上下搅拌1min，往复约30次，使悬液内土粒均匀分布，但在搅拌时注意不能使悬液溅出筒外。

（11）取出搅拌器，将密度计放入悬液中的同时，立即开动秒表，测记0.5min，1min，2min，5min，15min，30min，60min，120min和1440min时的密度计读数。每次读数前10～20s，均应将密度计放入悬液中，且保持密度计浮泡处在量筒中心，不得贴近量筒内壁。

（12）每次读数后，应取出密度计放入盛有纯水的量筒中，并测定相应的悬液温度，准确至0.5℃，放入或取出密度计时，应小心轻放，不得扰动悬液。

（13）密度计读数均以弯液面上缘为准。甲种密度计应准确至0.5，乙种密度计应准确至0.0002。

五、数据整理

（1）小于某粒径的试样质量占试样质量的百分比，可按式（1－7）或式（1－9）计算。

1）甲种密度计按式（1-7）计算：

$$X=\frac{100}{m_d}C_G(R+m_T+n-C_D) \tag{1-7}$$

式中 X——小于某粒径的试样质量百分比，%；

m_d——试样干质量；

m_T——悬液温度校正值，查表1-1；

C_D——分散剂校正值；

n——弯液面校正值；

R——甲种密度计读数；

C_G——土粒比重校正值，可按式（1-8）计算，或查表1-2。

$$C_G=\frac{\rho_s}{\rho_s-\rho_{w20}}\times\frac{2.65}{2.65-\rho_{w20}} \tag{1-8}$$

式中 ρ_s——土粒密度；

ρ_{w20}——20℃时水的密度，g/cm³，$\rho_{w20}=0.998232$ g/cm³。

2）乙种密度计按式（1-9）计算：

$$X=\frac{100V_x}{m_d}C_G'[(R'-1)+m_T'+n'-C_D']\rho_{w20} \tag{1-9}$$

式中 m_T'——悬液温度校正值，查表1-1；

n'——弯液面校正值；

C_D'——分散剂校正值；

R'——乙种密度计读数；

V_x——悬液体积（1000mL）；

C_G'——土粒比重校正值，可按式（1-10）计算，或查表1-2。

$$C_G'=\frac{\rho_s}{\rho_s-\rho_{w20}} \tag{1-10}$$

表1-1　　悬液温度校正值

悬液温度（℃）	甲种密度计温度校正值 m_T	乙种密度计温度校正值 m_T'	悬液温度（℃）	甲种密度计温度校正值 m_T	乙种密度计温度校正值 m_T'
10.0	−2.0	−0.0012	15.5	−1.1	−0.0007
10.5	−1.9	−0.0012	16.0	−1.0	−0.0006
11.0	−1.9	−0.0012	16.5	−0.9	−0.0006
11.5	−1.8	−0.0011	17.0	−0.8	−0.0005
12.0	−1.8	−0.0011	17.5	−0.7	−0.0004
12.5	−1.7	−0.0010	18.0	−0.5	−0.0003
13.0	−1.6	−0.0010	18.5	−0.4	−0.0003
13.5	−1.5	−0.0009	19.0	−0.3	−0.0002
14.0	−1.4	−0.0009	19.5	−0.1	−0.0001
14.5	−1.3	−0.0008	20.0	−0.0	−0.0000
15.0	−1.2	−0.0008	20.0	+0.0	+0.0000

续表

悬液温度（℃）	甲种密度计温度校正值 m_T	乙种密度计温度校正值 m_T'	悬液温度（℃）	甲种密度计温度校正值 m_T	乙种密度计温度校正值 m_T'
20.5	+0.1	+0.0001	25.5	+1.9	+0.0011
21.0	+0.3	+0.0002	26.0	+2.1	+0.0013
21.5	+0.5	+0.0003	26.5	+2.2	+0.0014
22.0	+0.6	+0.0004	27.0	+2.5	+0.0015
22.5	+0.8	+0.0005	27.5	+2.6	+0.0016
23.0	+0.9	+0.0006	28.0	+2.9	+0.0013
23.5	+1.1	+0.0007	28.5	+3.1	+0.0019
24.0	+1.3	+0.0008	29.0	+3.3	+0.0021
24.5	+1.5	+0.0009	29.5	+3.5	+0.0023
25.0	+1.7	+0.0010	30.0	+3.7	+0.0023

表 1-2　　土粒比重校正值

土粒比重	比重校正值	
	甲种密度计（C_G）	乙种密度计（C_G'）
2.50	1.038	1.666
2.52	1.032	1.658
2.54	1.027	1.649
2.56	1.022	1.641
2.58	1.017	1.632
2.60	1.012	1.625
2.62	1.007	1.617
2.64	1.002	1.609
2.66	0.908	1.603
2.68	0.993	1.595
2.70	0.989	1.588
2.72	0.985	1.581
2.74	0.981	1.575
2.76	0.977	1.568
2.78	0.973	1.562
2.80	0.969	1.556
2.82	0.965	1.549
2.84	0.961	1.543
2.86	0.958	1.538
2.88	0.954	1.532

（2）试样颗粒粒径按司笃克斯公式（1－11）计算：

$$d=\sqrt{\frac{1800\times10^4\eta}{(G_S-G_{WT})\rho_{WT}g}\cdot\frac{L}{t}}=K\sqrt{\frac{L}{t}} \tag{1-11}$$

式中　d——试样颗粒粒径，mm；

η——水的动力黏滞系数，kPa·s$\times10^{-6}$，可由表11－1查得；

G_S——土粒比重；

G_{WT}——T℃时水的比重；

ρ_{WT}——4℃时纯水的密度，g/cm^3；

g——重力加速度，cm/s^2；

L——某一时间内的土粒沉降距离，cm；

t——沉降时间，s；

K——粒径计算系数$=\sqrt{\frac{1800\times10^4\eta}{(G_S-G_{WT})\rho_{WT}g}}$，与悬液温度和土粒比重有关，可由表1－3查得。

表1－3　粒径计算系数K值表

温度（℃）＼K值＼土粒比重	2.45	2.50	2.55	2.60	2.65	2.70	2.75	2.80	2.85
5	0.1385	0.1360	0.1339	0.1318	0.1298	0.1279	0.1261	0.1243	0.1226
6	0.1365	0.1342	0.1320	0.1299	0.1280	0.1261	0.1243	0.1225	0.1208
7	0.1344	0.1321	0.1300	0.1280	0.1260	0.1241	0.1224	0.1206	0.1189
8	0.1324	0.1302	0.1281	0.1260	0.1241	0.1223	0.1205	0.1188	0.1182
9	0.1304	0.1283	0.1262	0.1242	0.1224	0.1205	0.1187	0.1171	0.1164
10	0.1288	0.1267	0.1247	0.1227	0.1208	0.1189	0.1173	0.1156	0.1141
11	0.1270	0.1249	0.1229	0.1209	0.1190	0.1173	0.1156	0.1140	0.1124
12	0.1253	0.1232	0.1212	0.1193	0.1175	0.1157	0.1140	0.1124	0.1109
13	0.1235	0.1214	0.1195	0.1175	0.1158	0.1141	0.1124	0.1109	0.1094
14	0.1221	0.1200	0.1180	0.1162	0.1149	0.1127	0.1111	0.1095	0.1080
15	0.1205	0.1184	0.1165	0.1148	0.1130	0.1113	0.1096	0.1081	0.1067
16	0.1189	0.1169	0.1150	0.1132	0.1115	0.1098	0.1083	0.1067	0.1053
17	0.1173	0.1154	0.1135	0.1118	0.1100	0.1085	0.1069	0.1047	0.1039
18	0.1159	0.1140	0.1121	0.1103	0.1086	0.1071	0.1055	0.1040	0.1026
19	0.1145	0.1125	0.1103	0.1090	0.1073	0.1088	0.1031	0.1088	0.1014
20	0.1130	0.1111	0.1093	0.1075	0.1059	0.1043	0.1029	0.1014	0.1000
21	0.1118	0.1099	0.1081	0.1064	0.1043	0.1033	0.1018	0.1003	0.0990
22	0.1103	0.1085	0.1067	0.1050	0.1035	0.1019	0.1004	0.0990	0.09767
23	0.1091	0.1072	0.1055	0.1038	0.1023	0.1007	0.0993	0.09793	0.09659

续表

K值 温度(℃) \ 土粒比重	2.45	2.50	2.55	2.60	2.65	2.70	2.75	2.80	2.85
24	0.1078	0.1061	0.1044	0.1028	0.1012	0.0997	0.09823	0.0960	0.09555
25	0.1065	0.1047	0.1031	0.1014	0.0999	0.09839	0.09701	0.09566	0.09434
26	0.1054	0.1035	0.1019	0.1003	0.09879	0.09731	0.09592	0.09455	0.09327
27	0.1041	0.1024	0.1007	0.09915	0.09767	0.09623	0.09482	0.09349	0.09225
28	0.1032	0.1014	0.09975	0.09818	0.09670	0.09529	0.09391	0.09257	0.09132
29	0.1019	0.1002	0.09859	0.09706	0.09555	0.09413	0.09279	0.09144	0.09028
30	0.1008	0.0991	0.09752	0.09597	0.09450	0.09311	0.09176	0.09050	0.08927
35	0.09565	0.09405	0.09255	0.09112	0.08968	0.08835	0.08708	0.08686	0.08468
40	0.09120	0.08968	0.08822	0.08684	0.08550	0.08424	0.08301	0.08186	0.08073

（3）制图。以小于某粒径的试样质量占试样总质量的百分比为纵坐标，以颗粒粒径为对数横坐标，在单对数坐标上绘制颗粒大小分布曲线。必须注意的是，当试样中既有小于0.075mm的颗粒，又有大于0.075mm的颗粒时，应考虑到小于0.075mm的试样质量占试样总质量的百分比，即应按式（1－7）或式（1－9）所得的计算结果，再乘以小于0.075mm的试样质量占总质量的百分比，然后再分别绘制密度计法和筛析法所得的颗粒大小分布曲线，并将曲线连成一条平滑的曲线。

六、密度计校正

密度计在制造过程中，其浮泡体积及刻度往往不易准确，况且密度计的刻度是以纯水为标准的。当悬液中加入分散剂后，悬液的比重则比原来增大，因此，密度计在使用前应对刻度、弯液面、土粒沉降距离、温度、分散剂等的影响进行校正。

1. 土粒沉降距离校正

（1）测定密度计浮泡体积。在250mL量筒内倒入约130mL纯水，并保持水温为20℃，以弯液面上缘为准，测记水面在量筒上的读数并划一标记，然后将密度计缓慢放入量筒中，使水面达密度计的最低刻度处（以弯液面上缘为准）时，测记水面在量筒上的读数并再划一标记，水面在量筒上的两个读数之差即为密度计的浮泡体积，读数准确至1mL。

（2）测定密度计浮泡体积中心。在测定密度计浮泡体积之后，将密度计垂直向上缓慢提起，并使水面恰好落在两标记的中间，此时，水面与浮泡的相切处（以弯液面上缘为准），即为密度计浮泡的中心，将密度计固定在三脚架上，用直尺量出浮泡中心至密度计最低刻度的垂直距离。

（3）测定1000mL量筒的内径（准确至1mm），并计算出量筒的截面积。

（4）量出密度计最低刻度至玻璃杆上各刻度的距离，每5格量距1次。

（5）按式（1－12）计算土粒有效沉降距离：

$$L = L' - \frac{V_b}{2A} = L_1 + \left(L_0 - \frac{V_b}{2A}\right) \tag{1-12}$$

式中　L——土粒有效沉降距离，cm；

L'——水面至密度计浮泡中心的距离，cm；

L_1——最低刻度至玻璃杆上各刻度的距离，cm；

L_0——密度计浮泡中心至最低刻度的距离，cm；

V_b——密度计浮泡体积，cm^3；

A——1000mL 量筒的截面积，cm^2。

(6) 用所量出的最低刻度至玻璃杆上各刻度的不同距离 L_1 值代入式（1－12），可计算出各相应的土粒有效沉降距离 L 值，并绘制密度计读数与土粒有效沉降距离的关系曲线，从而根据密度计的读数就可得出土粒有效沉降距离。

2. 刻度及弯液面校正

试验时密度计的读数是以弯液面的上缘为准的，而密度计制造时其刻度是以弯液面的下缘为准，因此应对密度计刻度及弯液面进行校正。

将密度计放入 20℃纯水中，此时密度计上弯液面的上缘、下缘的读数之差即为弯液面的校正值。

3. 温度校正

密度计刻度是在 20℃时刻制的，但试验时的悬液温度不一定恰好等于 20℃，而水的密度变化及密度计浮泡体积的膨胀，会影响到密度计的准确读数，因此需要加以温度校正。

密度计读数的温度校正可从表 1－1 查得。

4. 土粒比重校正

密度计刻度系假定悬液内土粒的比重为 2.65，若试验时土粒的比重不是 2.65，则必须加以校正，甲、乙两种密度计的比重校正值可分别按式（1－8）和式（1－10）计算，或由表 1－2 查得。

5. 分散剂校正

在用密度计读数时，若在悬液中加入分散剂，则也应考虑分散剂对密度剂读数的影响。具体方法是将 1000mL 的纯水恒温至 20℃，先测出密度计在 20℃纯水中的读数，然后再加试验时采用的分散剂，用搅拌器在量筒内沿整个深度上下搅拌均匀，并将密度计放入溶液中测记密度计读数，两者之差，即为分散剂校正值。

七、试验记录

见附录中记录表 1－2 颗粒大小分析试验记录（密度计法）。

试验二　土粒相对密度试验（相对密度瓶法）*

一、基本原理

土粒相对密度，旧称土粒比重，是指土粒在105～110℃温度下烘至恒量时的质量与同体积4℃时纯水质量的比值，无量纲。土粒密度这一概念，指土的固体部分的单位体积质量。由于4℃时纯水的密度为1g/cm^3，故土粒密度与土粒相对密度两者在数量上相等。测土粒相对密度时，土的固体部分的质量 m_d 用精密天平测得。土粒体积一般用测量排出与土粒同体积之液体的体积的方法测得，通常用相对密度瓶法测定土粒体积。此法适用于粒径小于5mm的各类土。

在用相对密度瓶法测定固体体积时，必须注意所排除的液体体积确能代表固体颗粒的真实体积。土中若含有气体，实验时必须将气体排尽，否则会影响测试精度。一般可用煮沸法或抽气法排除土内气体。所用的液体一般为纯水。砂土宜用真空排气法，对含有大量的可溶盐类、有机质和亲水性胶体的土必须用中性液体，如煤油、汽油、甲苯和二甲苯代替纯水，此时必须用抽气法排气，真空表读数宜接近当地一个大气压值，抽气时间不得少于1h。

二、仪器设备

（1）相对密度瓶：容量100mL或50mL，分长颈和短颈两种，短颈也叫毛细式相对密度瓶（图2-1）。

（2）分析天平：称量200g，感量0.001g。

（3）砂浴（或可调电加热器）：应能调节温度。

（4）恒温水槽：准确度应为±1℃。

（5）温度计：测温范围0～50℃，精确至0.5℃。

（6）其他：纯水、小漏斗、磁钵及研棒等。

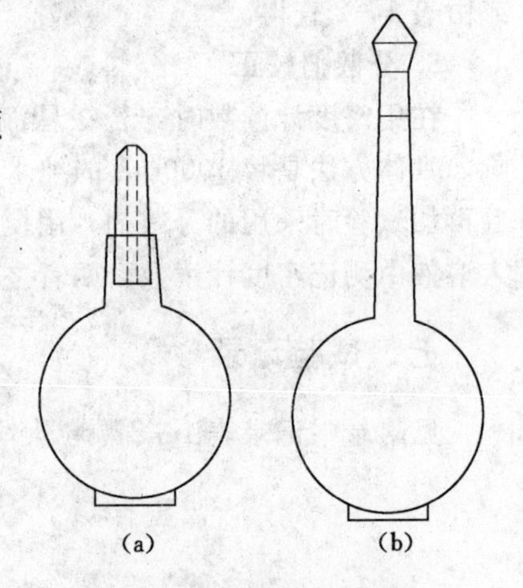

图2-1　相对密度瓶
（a）毛细式；（b）长颈式

三、操作步骤

（1）相对密度瓶校准。

1）将相对密度瓶洗净，烘干，置于干燥器内，冷

* 教学大纲要求的实验项目。

却后称量，准确至 0.001g。

2）将煮沸经冷却的纯水注入相对密度瓶。对长颈相对密度瓶注水接近刻度处，对短颈相对密度瓶应注满纯水，将相对密度瓶放入恒温水槽内至瓶内水温稳定。取出相对密度瓶，将长颈相对密度瓶加纯水至刻度线处，短颈相对密度瓶加纯水近满瓶，塞紧瓶塞，多余的水分自瓶塞毛细管中溢出；擦干外壁，称瓶、水总质量，准确至 0.001g，测定恒温水槽内水温，准确至 0.5℃。

3）调节数个恒温水槽内的温度，温度差宜为 5℃，测定不同温度下的瓶水总质量。每个温度下均应进行两次平行测定，两次测定的差值不得大于 0.002 g，取两次测值的平均值，绘制温度和瓶、水（$t-m_{bw}$）的关系曲线（图 2－2）。

（2）土样制备。取有代表性的风干土样约 100g，充分研散，并全部过 2mm 的筛。将过筛干土及洗净的相对密度瓶在 105～110℃下烘干，然后放入干燥器中冷却至室温。

（3）称烘干试样 15g（当用 50mL 的比重瓶时，称烘干试样 10g）装入比重瓶，称试样和瓶的总质量，准确至 0.001g。装土时可用漏斗细心倒入相对密度瓶内，并将漏斗上的土刷净入瓶，勿使土粒飞扬或遗失。

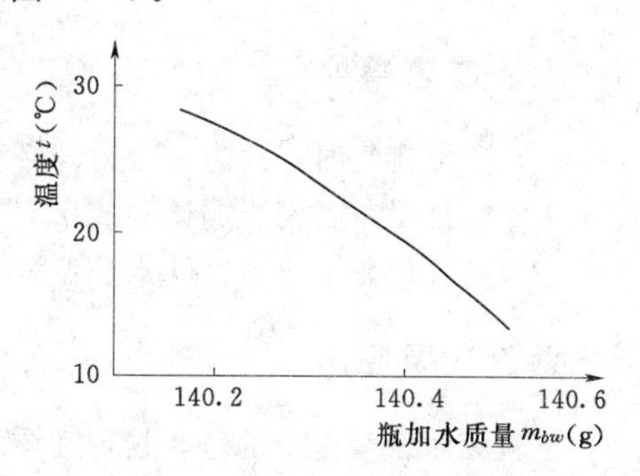

图 2－2　温度和瓶、水质量关系曲线

（4）向相对密度瓶内注入半瓶纯水，摆动相对密度瓶，使土粒松散。然后将相对密度瓶放在砂浴上或电加热器上煮沸。煮沸后要调节温度，避免瓶内悬液溅出，同时要防止瓶中水煮干。煮沸时间从沸腾起算砂土不少于 30min，黏土及粉土不少于 60min。

（5）将煮沸过的纯水或已抽气的中性液体注入装有试样悬液的相对密度瓶。当用长颈相对密度瓶时注纯水至刻度处；当用短颈相对密度瓶时应将纯水注满，然后放相对密度瓶于恒温水槽待瓶内悬液温度稳定后，测记其温度，并准确至 0.5℃。取出相对密度瓶，将长颈相对密度瓶加纯水至刻度线处，短颈相对密度瓶加纯水近满瓶，塞紧瓶塞，多余的水分自瓶塞毛细管中溢出；然后称出相对密度瓶、水、试样的总质量。

（6）从 $t-m_{bw}$ 关系曲线中查得各试验温度下的瓶、水总质量。如实验课时间短，没有测 $t-m_{bw}$ 关系曲线，则可完成第 5 步以后，将相对密度瓶洗净后装入纯水，放入恒温水槽中恒温 [与步骤（5）中温度相同或接近]。恒温后称出相对密度瓶、水质量。

（7）平行测定。本实验须进行两次测定，取其结果的平均值，其平行差值不得大于 0.02。

四、数据整理

按式（2－1）计算土粒相对密度，准确至 0.01：

$$G_s = \frac{m_d}{m_{bw} + m_d - m_{bws}} G_{iT} \qquad (2-1)$$

式中　G_s——土粒相对密度；

m_{bw}——瓶、水总质量，g；

m_{bws}——瓶、水、试样的总质量，g；

m_d——干土质量，g；

G_{iT}——t℃时纯水或中性液体的相对密度，水的相对密度可由表 2-1 查出；中性液体的相对密度应实测，称量应准确至 0.001 g。

表 2-1　　不同温度下水的相对密度

水温（℃）	4.0～12.5	12.5～19.0	19.0～23.5	23.5～27.5	27.5～30.5	30.5～33.0
水的相对密度	1.000	0.999	0.998	0.997	0.996	0.995

五、注意事项

(1) 煮沸排气时，火力要合适，必须防止悬液溅出瓶外，保持沸腾并防止煮干；必须将土中气体排尽，否则影响试验成果。

(2) 必须使瓶中悬液与纯水的温度一致。

六、成果应用

土粒相对密度是土的基本物理性质之一，是土的物理性质实测指标之一。它是计算孔隙比、孔隙率、饱和度等的重要依据，也是评价土类的主要指标。该值也直接应用于工程设计计算中，如颗粒分析试验的密度计法中，所用土粒相对密度值的准确与否，将直接影响到土料颗粒组成的试验成果是否可靠；评价土的压缩性指标压缩系数中初始孔隙比的计算直接用到相对密度，故对评价土的压缩性及计算沉降量尤为重要；另外，土粒相对密度还可用于土的渗透变形分析及大坝的抗滑稳定性分析等。

土粒相对密度主要取决于土的矿物成分及粒径大小、有机质、水溶盐、亲水胶粒和黏土矿物的含量等。不同土类的相对密度变化幅度不大，在有经验的地区可按经验值选用，一般参考值为：砂土相对密度约为 2.65～2.69，粉土的相对密度约为 2.70～2.71，粉质黏土相对密度约为 2.72 ～ 2.73，黏土相对密度约为 2.74 ～2.76。

七、思考题

(1) 煮沸过程中应注意什么问题？

(2) 土中空气如不排出或未完全排出，所得土粒相对密度偏大或偏小？为什么？

八、试验记录

见附录中记录表 2 土粒相对密度试验记录（相对密度瓶法）。

试验三 含水率试验*

一、基本原理

土的含水率是土在温度105～110℃下烘到恒重时所失去的水分质量与达到恒重后干土质量的比值，以百分数表示。土烘干前后的质量差即土中失去的水重，水重除以干土重即可求得土的含水率。

使土样干燥的方法常有烘干法，酒精燃烧法与炒干法。烘干法将试样放在保持在105～110℃的电热干燥箱中烘至恒量，是测定含水率的通用标准方法，精度高，试验简便，结果稳定，该法是测定含水率的标准方法。酒精燃烧法是在试样中加入酒精，利用酒精在试样上燃烧，使土中水分蒸发，将土烤干，是快速测定法中较准确的一种，适用于没有烘箱或土样较少的情况，该法测得的含水率略低于烘干法测得的含水率。炒干法是用火炉或电炉将试样炒干，在炒干过程中，随时翻拌试样，至试样表面完全干燥，适用于砂土及含砾较多的土，在施工现场使用，此法测得的含水率略大于烘干法。

本试验介绍烘干法，试验方法适用于粗粒土、细粒土、有机质土和冻土。

二、仪器设备

(1) 烘箱：可保持温度105～110℃的自动控制电热恒温烘箱，还可采用沸水烘箱和红外线烘箱。

(2) 天平：称量200g，感量0.01g。

(3) 干燥器：常用附有无水氯化钙干燥剂的玻璃干燥缸。

(4) 其他：铝盒（或玻璃称量瓶）、切土刀、玻璃板、盛土容器等。

三、操作步骤

(1) 称量铝盒，精确至0.01g，记为$m_{盒}$。

(2) 从原状或扰动土样中，选取具有代表性的试样15～30g（约半铝盒，砂土应多取些），放在铝盒中，注意抹去盒外周围的土，立即盖好盒盖，称量铝盒与湿土总质量m_1，精确至0.01g。

(3) 打开盒盖，放入烘箱，在105～110℃的恒温下烘至恒量。烘干时间对黏性土、粉土不得少于8h，对砂土不得少于6h，对含有机质超过干土质量5%的土，应将温度控制在65～70℃的恒温下烘干。

---

* 教学大纲要求的实验项目。

注意：有机质土在105～110℃的温度下，经长时间烘干后，有机质特别是腐殖酸会在烘干过程中与逐渐分解中不断损失，使测得的含水率比实际含水率大，土中有机质含量越高，误差就越大。

(4) 将称量盒从烘箱中取出，盖上盒盖，放入干燥容器内冷却至室温（由试验室负责），冷却后取出，立即盖好并称量盒加干土质量 m_2，精确至0.01g。

(5) 平行测定。本试验必须对两个试样进行平行测定，测定的差值：当含水率小于40%时为1%；当含水率不小于40%时为2%；对层状和网状构造冻土不大于3%。取两个测值的平均值，以百分数表示。

四、数据整理

按式（3-1）计算，精确至0.1%：

$$w_0 = \left(\frac{m_0}{m_d} - 1\right) \times 100 \tag{3-1}$$

式中　m_d——干土质量，g，$m_d = m_2 - m_{盒}$；

m_0——湿土质量，g，$m_0 = m_1 - m_{盒}$。

五、注意事项

(1) 打开土样后，应立即取样称量湿土重，以免水分蒸发。

(2) 土样必须按要求烘至恒重，试样烘干后应放在干燥器内冷却后称量，防止热土吸收空气中的水分，并避免天平受热不均影响称量精度。

六、思考题

能够实测土体的干密度吗？

七、试验记录

见附录中记录表3含水率试验记录。

试验四　测定土的液限和塑限

在界限含水率中，意义最大的是从黏流状态到黏塑状态的液限（w_L）和从塑态过渡到半固态的塑限（w_P）。土的塑性指数是液限与塑限之差（$I_P=w_L-w_P$），是表示土的塑性强弱的指标。

黏性土的状态随着含水率的变化而变化，当含水率不同时，如图4-1所示，黏性土可分别处于固态、半固态、可塑状态及流动状态，黏性土从一种状态转到另一种状态的分界含水率称为界限含水率。土从流动状态转到可塑状态的界限含水率称为液限 w_L；土从可塑状态转到半固体状态的界限含水率称为塑限 w_P；土由半固体状态不断蒸发水分，则体积逐渐缩小，直到体积不再缩小时的界限含水率称为缩限，用符号 w_s 表示。在实际应用中，最常用的是液限和塑限这两个指标。

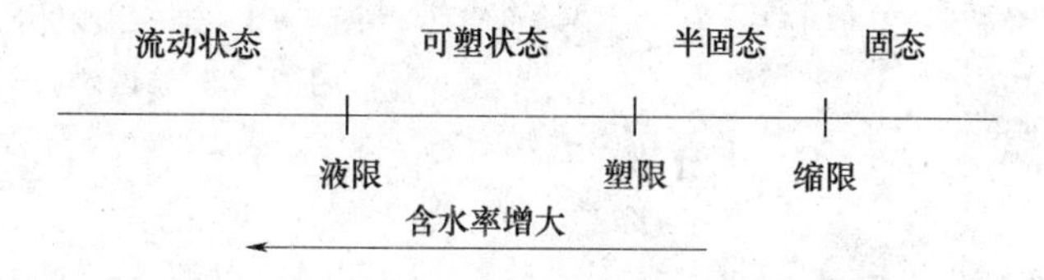

图4-1　含水率与土的液限和塑限的关系

界限含水率试验要求土的颗粒粒径小于0.5mm，且有机质含量不超过5%，且宜采用天然含水率的试样，但也可采用风干试样，当试样中含有粒径大于0.5mm的土粒或杂质时，应过0.5mm的筛。

第一节　锥式液限仪测液限*

一、基本原理

从理论上讲，液限时，土出现一定的流动阻力，即有最小可量度的抗剪强度。国内外测定液限的方法使用两种不同仪器，即瓦氏锥式仪和卡式碟式仪。国内外学者多数认为，碟式仪测定液限土的抗剪强度值符合基本物理意义，但其手续较繁琐，强度带有扰动的性质，适当改进可推广运用。研究表明：瓦氏圆锥仪下沉17mm时的含水率，大致相当于用卡氏碟式仪测得的液限，可以等效卡式碟式仪液限。因此，在使用液限时，应标明是用何种仪器测得的。目前，我国测得的液限有3种：①锥式仪液限（下沉10mm）；②锥式

* 教学大纲要求的实验项目。

仪液限（下沉 17mm）等效碟式仪液限；③碟式仪液限。我国一直广泛使用 10mm 锥式液限仪，积累了大量资料，没有特别说明的液限均属于此种液限。

本方法适用于粒径小于 0.5mm 以及有机质含量不大于试样总质量的 5%的土。

二、仪器设备

（1）铝盒、调土杯及调土刀。

（2）锥式液限仪。主要包括 3 个部分：质量为 76g 带有平衡装置的圆锥，锥角 30°，高为 25mm，距锥尖 10mm 处有环状刻度；用金属材料或有机玻璃制成的试杯，试杯直径不小于 40mm，高度不小于 20mm；硬木或金属材料制成的平稳底座（图 4－2）。

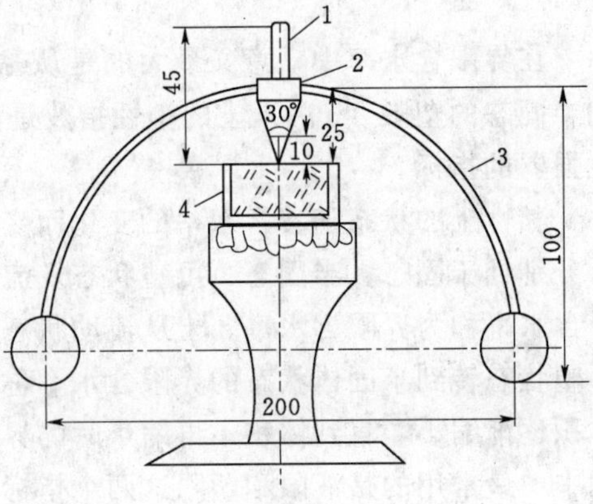

（3）天平：称量 200g，感量为 0.01g。

（4）筛：孔径为 0.5mm。

（5）研钵和橡皮头研棒。

（6）烘箱。

（7）干燥器。

图 4－2　锥式液限仪（单位：mm）

1—手柄；2—锥体；3—平衡锥；4—试杯

三、操作步骤

1. 制备土样

取天然含水率土样 50g 捏碎过筛；若天然土样已风干，则取样 80g 研碎，并过 0.5mm 筛；加蒸馏水调成糊状，盖上湿布置保湿器内 12h 以上，使水分均匀分布。

2. 装土样于试杯中

将备好的土样再仔细拌匀一次，然后分层装入试杯中；用手掌轻拍试杯，使杯中空气逸出；待土样填满后，用调试刀抹平土面，使之与杯缘齐平。

3. 放锥

（1）在平衡锥尖部分涂上一均匀薄层凡士林，以拇指和食指执手柄，使锥尖与试样面接触，并保持锥体垂直，轻轻松开手指，使锥体在其自重作用下沉入土中；注意，放锥时要平稳，避免产生冲击力。

（2）放锥 15s 后，观察锥体沉入土中的深度，以土样表面与锥接触处为准；若恰为 10mm（锥上刻有标志），则认为这时的含水率就为液限。若锥体入土深度大于或小于 10mm 时，表示试样含水率大于或小于液限；此时，应挖去沾有凡士林的土，取出全部试样放在调试杯中，使水分蒸发或加蒸馏水重新调匀，直至锥体下沉深度恰为 10mm 时为止。

有些圆锥还刻有 17mm 的标志，若锥体下沉深度为 17mm，此时的含水率即为 17mm 液限，等效碟式液限。

4. 测液限含水率

将所测得的合格试样，挖去沾有凡士林的部分，取锥体附近试样少许（约 15～20g）放入铝盒中测定其含水率，此含水率即为液限。

5. 平行测定

本试验须做两次平行测定，计算准确到0.1%，取其结果的算术平均值；两次试验的平行差值不得大于2%。

四、注意事项

(1) 若调制的土样含水率过大，只许在空气中晾干或用吹风机吹干，也可用调土刀搅拌或用手搓捏散发水量，不能加干土或用电炉烘烤。

(2) 从试杯中取出土样时，必须将沾有凡士林的土弃掉，方能重新调制或者取样测含水率。

五、思考题

为何不能随意将平衡锥放入土中?

六、试验记录

见附录中记录表4-1锥式仪液限试验记录。

第二节 搓条法测塑限*

一、基本原理

土的塑态与固态间的界限含水率称土的塑限。塑限的测定依据主要是根据处于塑态时可塑成任意形状而不产生裂纹；处于固态时则很难搓成任意形状，若勉强为之，则土面发生裂纹或断折等现象。以两种物理状态为特征确定塑态和固态的界限，当土被搓成3mm粗细的土条且表面恰好开始出现裂纹时的含水率，即为塑限。搓条法测塑限适用于粒径小于0.5mm的土。

二、仪器设备

(1) 铝盒、调土刀、调土杯、滴瓶。

(2) 研钵及橡皮头研棒。

(3) 天平：感量0.01g。

(4) 烘箱、干燥器、电热吹风器。

(5) 筛：孔径为0.5mm。

(6) 毛玻璃板：约300mm×200mm。

三、操作步骤

(1) 制备土样。取0.5mm筛下的代表性试样100g，放在盛土皿中加纯水拌匀，湿润过夜。

(2) 搓条。将制备好的试样取一小块试样在手中搓捏不沾手，捏扁，当出现裂缝时，

---

* 教学大纲要求的实验项目。

表示其含水率接近塑限。

取接近塑限含水率的试样 8～10g，用手指捏成椭球形，放在毛玻璃上，用手掌轻轻搓滚；手掌用力要均匀，不得使土条在毛玻璃板上无力滚动，土条长度不能超过手掌宽度，在搓滚时不得从手掌下任一边脱出，且土条不能出现空心现象。

(3) 当土条被搓至直径为 3mm，且产生裂纹并开始断裂时，此时的含水率达到塑限含水率。若土条直径搓成 3mm 时不产生裂缝或土条直径大于 3mm 开始断裂，表示其含水率高于塑限或低于塑限，应重新取样试验，直至达到标准为止。

每搓好一条合格的土条后，应立即将它放在铝盒里，盖上盒盖，避免水分蒸发，直到土条重达 3～5g 为止。

(4) 测塑限含水量。将放在铝盒中的土条称出湿土重，烘干后再称干土的质量，计算含水率，此含水率即为土的塑限。

(5) 平行测定。本试验须做两次平行测定，取其结果的算术平均值，计算准确至 0.1%；两次结果的差值，黏土、粉质黏土不得大于 2%；粉土不得大于 1%。

四、注意事项

(1) 搓滚土条时，以手掌轻压，必须用力均匀，不得作无压滚动；应防止土条产生空心现象，搓滚前土团必须经过充分的揉捏。

(2) 土条须在数处同时产生裂纹时达塑限；如仅有一条裂纹，可能是用力不均所致，产生的裂纹必须呈螺纹状。

五、思考题

用测得的液限、塑限值计算塑性指数，并按塑性指数分类，定出土名。并可用液限、塑限、天然含水率计算液性指数，并评价土所处的稠度状态。

六、试验记录

见附录中记录表 4-2 搓条法测塑限试验记录。

第三节　液限、塑限联合测定法

一、基本原理

液限、塑限联合测定法是根据圆锥仪的圆锥入土深度与其相应的含水率在双对数坐标上具有线性的特性来进行的。试验用圆锥质量为76g或100g的液限、塑限联合测定仪（图4-3）测定土在3种不同含水率时的圆锥入土深度，在双对数坐标纸上绘成圆锥入土深度与含水率的关系直线。在直线上查得圆锥入土深度为17mm所对应的17mm液限或查得圆锥入土深度为10mm所对应的10mm液限，查得圆锥入土深度为2mm所对应的含水率为塑限，取值以百分数表示，准确至0.1%。

二、仪器设备

（1）数显式联合液塑限仪（图4-3），由装有透明光学微分尺的圆锥仪、电磁铁、显示屏、控制开关和试样杯组成。圆锥质量76g，锥角30°，光学微分尺精确分度为0.1mm。试样杯内径不小于40mm，杯高不小于30mm。

（2）天平：称量200g，最小分度值0.01g。

（3）其他：烘箱、铝盒、调土刀、刮土刀、蒸馏水滴瓶、凡士林等。

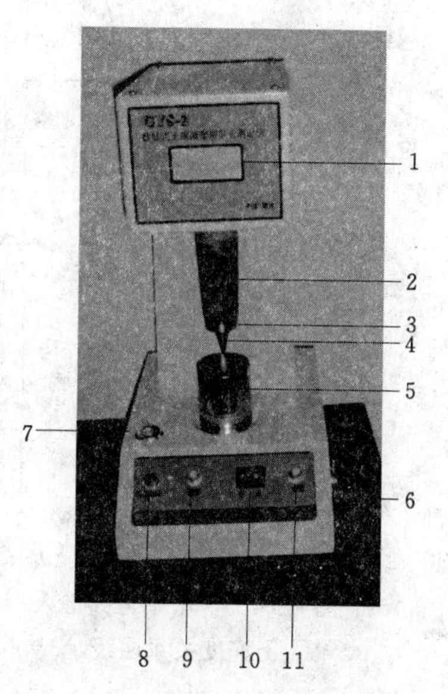

图4-3　数显式联合液塑限仪

1—数显屏；2—锥杆；3—配重块；4—锥体；5—试杯；6—升降旋钮；7—水平泡；8—接触指示灯；9—复零；10—开关；11—测量键

三、操作步骤

（1）本次试验原则上应采用天然含水率的土样进行，也允许用风干土制备土样，土样过0.5mm筛后，用纯水配制成一定含水率的土样，然后装入密闭的广口玻璃瓶内，润湿一昼夜备用。

（2）把仪器放在水平工作台上，调整水平螺旋脚，使水平气泡居中。把电源插头插好，打开电源开关，预热5min。

（3）测量前用手轻轻托起锥体至限位处，此时显示屏上的数字为随机数，测量时会自动消除。将圆锥仪擦拭干净，在锥体上涂一薄层凡士林。

（4）将已制备好的土样取出，调匀后，分层密实地装入试样杯中，注意土中不能留有空隙，高出试样杯口的余土，用刮土刀刮平，随即将试样杯放在升降底座上。缓缓地顺时针方向调节升降旋钮，使底座上升，当试杯中土样刚接触锥尖时，接触指示灯立刻发亮，此时应停止旋动，然后按“测量”键。

（5）按“测量”键，圆锥仪自由下落，历时5s，测读显示在屏幕上的圆锥下沉深度。

（6）把升降座降下，细心取出试样杯，剔除锥尖处含有凡士林的土，取出锥体附近的试样不少于10g的试样放入称量过的铝盒内。

（7）将放在铝盒中的试样称出湿土重，烘干后再称干土的质量，计算含水率。

（8）重复3～7条的步骤，测试另两种含水率土样的圆锥入土深度和含水率（圆锥入土深度宜为3～4mm、7～9mm、15～17mm）。

注意：本试验可用两种重量的锥体，加配重块为100g，当用76g锥体时，只需将配重块取下即可。

四、数据整理

（1）含水率计算。按式（3-1）计算3种试样的含水率。

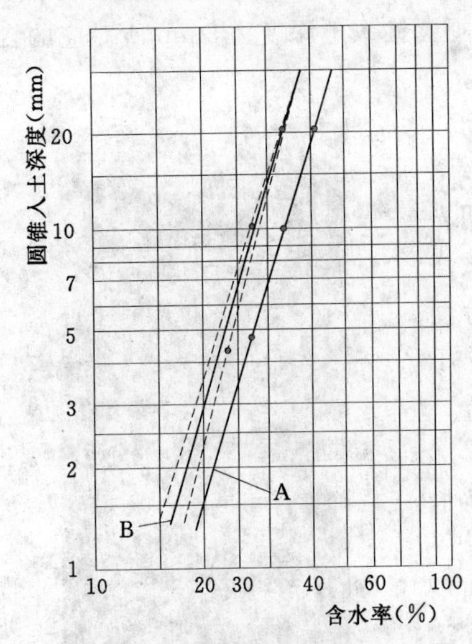

图4-4 含水率与圆锥入土深度关系曲线

（2）塑限和液限确定。以含水率为横坐标，以圆锥入土深度为纵坐标在双对数坐标纸上绘制含水率与相应的圆锥入土深度关系曲线，如图4-4所示。3点应在一条直线上，如图4-4中A线。如果3点不在同一直线上，通过高含水率的一点与其余两点连两条直线，在圆锥入土深度为2mm处查得相应的两个含水率，如果两个含水率的差值小于2%，用该两含水率的平均值的点与高含水率的测点作直线，如图4-4中的B线，若两个含水率差值不小于2%，则应补点或重做试验。

在含水率与圆锥下沉深度的关系图上查得下沉深度为17mm对应的含水率为17mm液限，或查得下沉深度为10mm对应的含水率为10mm液限，查得下沉深度为2mm对应的含水率为塑限。

（3）塑性指数按式（4-1）计算：

$$I_p = w_L - w_P \tag{4-1}$$

式中 I_p——塑性指数，精确至0.1；

w_L——液限，%；

w_P——塑限，%。

（4）液性指数按式（4-2）计算：

$$I_L = \frac{w_0 - w_P}{I_p} \tag{4-2}$$

式中 I_L——液性指数，精确至0.01；

w_0——天然含水率，%。

五、注意事项

(1) 当试样在3只搪瓷碗（或盘）内配制3种不同含水率的状态时，可分别将试样集中拨到碗边，先初步估测入土深度，以便估计试样的含水率配制是否适当。

(2) 对于含水率接近塑限（即圆锥入土深度3～4mm）的试样，由于含水率较低，用调土刀不易调拌均匀，须用手反复将试样揉捏均匀，才能保证试验成果的正确性。

六、成果应用

测定土的含水率，了解土的含水状况，是计算土的孔隙比、液性指数、塑性指数、饱和度及其他物理力学指标不可缺少的，测得土的含水率、液限和塑限后，即可求得土的液性指数、塑性指数，据此来判定土的稠度状态，给土定名，以此来划分土层及亚层。土的塑性指数 I_p 是指液限与塑限的差值，由于塑性指数在一定程度上综合反映了影响黏性土特征的各种重要因素，因此，黏性土常按塑性指数进行分类。土的液性指数 I_L 是指黏性土的天然含水率和塑限的差值与塑性指数之比，液性指数可被用来表示黏性土所处的软硬状态，所以土的界限含水率是计算土的塑性指数和液性指数不可缺少的指标，土的界限含水率还是估算地基土承载力等的一个重要依据。对于特殊类土红黏土还可求出含水比，作为判定其承载力的依据之一。含水率指标还是建筑物地基、道路路基、土坝等填土施工质量控制的重要指标之一。含水率及界限含水率的量测一定要准确，否则将直接影响土的物理性质及力学性质指标的计算。在土样的取样、运输和保管过程中，也要注意不要使土样的含水率改变，以免直接改变土的状态，从而改变土的物理力学性质指标。

七、试验记录

见附录中记录表4-3液塑限联合试验记录。

试验五　测定土的密度

土的密度是指土的单位体积的质量，是土的基本物理性质之一，其单位为 g/cm^3。用天然状态原状土样测得的密度称天然密度，或湿密度 ρ，相应的重度称为湿重度 γ，除此之外还有土的干密度 ρ_d、饱和密度 ρ_{sat} 和有效密度 ρ'。

土的密度测试方法有环刀法、蜡封法、灌水法、灌砂法等，环刀法、蜡封法在室内使用，灌水法、灌砂法可在施工现场使用。

第一节　环　刀　法*

一、基本原理

环刀法适用于不含砾石颗粒的细粒土的密度。该法是用已知质量和容积的环刀，切取土样，使土样的体积与环刀的容积一致，称量后，减去环刀质量得到土的质量，然后由土的质量与体积计算求得土的密度。

二、仪器设备

(1) 环刀：内径 61.8mm（面积 $30cm^2$），79.8mm（面积 $50cm^2$），高度 20mm。

(2) 天平：称量 500g，感量 0.1g。

(3) 其他：切土刀、钢丝锯、凡士林、玻璃板、测径长尺等。

三、操作步骤

1. 测定环刀的质量及体积

用测径卡尺测量环刀的内径及高度，计算环刀的容积 V，然后，将环刀置于天平上称得环刀质量 $m_环$，准确至 0.1g。

2. 切取土样

先用切土刀或钢丝锯将原状土样分成厚度为 3～4cm 的土饼。在环刀内壁涂以薄层凡士林油，将环刀刃口向下放在土饼表面上，用修土刀把土饼削成略大于环刀的土样，然后垂直向下轻压环刀，边压边削至土样高出环刀为止。先削平环刀上端之余土，使土面与环刀边缘齐平，再置于玻璃板上，然后削刃口一端的余土，使之与环刀刃口齐平。若两面上的土有少量剥落，可用切下的碎土轻轻补上，不可按压。切好土样后，及时在环刀两端盖

---

* 教学大纲要求的实验项目。

上玻璃片，以免水分蒸发。

3. 测定环刀和土样之质量

拿去玻璃片，用抹布擦净环刀外壁，称量环刀和土样的质量 m，准确至 0.1g。

4. 平行测定

本实验须进行两次平行测定，取其结果的算术平均值，其平行差值不大于 0.03g/cm³。

四、计算土的密度

（1）土的湿密度按式（5－1）计算：

$$\rho=\frac{m_0}{V}=\frac{m-m_{环}}{V} \tag{5-1}$$

式中　ρ——土的密度，g/cm³；

m_0——湿土质量；

m——环刀与土样的质量，g；

$m_{环}$——环刀的质量，g；

V——土的体积，cm³。

计算结果准确至 0.01g/cm³。

（2）土的干密度，应按式（5－2）计算：

$$\rho_d=\frac{\rho}{1+0.01w_0} \tag{5-2}$$

式中　ρ_d——土的干密度，g/cm³；

w_0——土的天然含水率。

五、注意事项

（1）用环刀切取土样时，环刀必须严格按实验步骤操作，不得急于求成，用力过猛或图省事不削成土柱，这样就易使土样开裂扰动。

（2）修环刀两端余土时，不得在试样表面反复压抹，对于较软的土，宜先用钢丝锯锯成几段，然后用环刀切取。

六、成果应用

土的密度反映了土体结构的松紧程度，是计算土的自重应力、干密度、孔隙比、孔隙度等指标的重要依据，也是挡土墙压力计算、土坡稳定性验算、地基承载力和沉降量估算以及路基路面施工填土压实度控制的重要指标之一。

当用国际单位制计算土的重力时，由土的质量产生的单位体积的重力称为重力密度 γ，简称重度，其单位是 kN/m³。重度由密度乘以重力加速度求得，即 $\gamma=\rho g$。

七、试验记录

见附录中记录表 5－1 密度试验记录（环刀法）。

第二节　蜡　封　法

一、基本原理

蜡封法，也称为浮称法，其试验原理是依据阿基米德原理，即物体在水中失去的重量等于排开同体积水的重量，来测出土的体积，为考虑土体浸水后崩解、吸水等问题，在土体外涂一层蜡。

蜡封法适用于黏性土，特别是对于易破裂的土或形状不规则的坚硬土更为适合。

二、仪器设备

(1) 熔蜡加热器。

(2) 天平：称量 200g 、最小分度值 0.01g。

(3) 其他：切土刀、钢丝锯、烧杯、细线、针等。

三、操作步骤

(1) 从原状土样中，切取体积不小于 $30cm^3$ 的代表性试样，削去表面松散浮土及尖锐棱角后，用细线系上并置于天平的左端称量，准确至 0.01g。

(2) 持线将试样缓慢浸入刚过熔点的蜡液中，待全部浸没后，立即将试样提出，检查涂在试样四周的蜡膜有无气泡存在，当有气泡存在时，可用针刺破，再用蜡液补平。待冷却后，称蜡封试样的质量，准确至 0.01g。

(3) 用细线将蜡封试样吊挂在天平的左端，浸没于盛有纯水的烧杯中，称蜡封试样在纯水中的质量，准确至 0.01g，并测记纯水的温度。

(4) 取出试样，擦干蜡封试样表面上的水分，再称蜡封试样质量一次，如蜡封试样质量增加，则说明蜡封试样内部有水浸入，应另取试样重做试验。

(5) 蜡封法试验应进行两次平行测定，两次测定的密度差值不得大于 $0.03g/cm^3$，并取其两次测值的算术平均值。

四、数据整理

按式 (5-3) 计算湿密度：

$$\rho=\frac{m_0}{\dfrac{m_n-m_{nw}}{\rho_{wt}}-\dfrac{m_n-m_0}{\rho_n}} \tag{5-3}$$

式中　ρ——湿密度，g/cm^3，精确至 $0.01g/cm^3$；

m_0——试样质量，g；

m_n——蜡封试样质量，g；

m_{nw}——蜡封试样在水中质量，g；

ρ_{wt}——纯水在 t℃ 时的密度，g/cm^3；

ρ_n——蜡的密度，g/cm^3，通常为 0.92g/cm^3。

五、注意事项

(1) 蜡封时严格控制石蜡温度和试样蜡封厚度，石蜡的温度不要过高。

(2) 称蜡封试样在水中质量时，切勿使试样接触烧杯内壁，同时要检查烧杯外壁不要与天平吊盘架立柱接触。

六、试验记录

见附录中记录表 5-2 密度试验记录（蜡封法）。

试验六　固　结　试　验

土的压缩性是指土在压力作用下发生压缩变形，土体积逐渐变小的过程。饱水土在压应力作用下，由于孔隙水的不断排出而引起的压缩过程称为渗透固结。因此，饱水土的压缩试验亦称固结试验。固结试验是将土样放在金属器内，在有侧限的条件下施加压力，观察土在不同压力下的压缩变形，以测定土的压缩系数、压缩模量、压缩指数、固结系数、前期固结压力等有关压缩性指标，作为工程设计计算的依据。

第一节　压缩试验（杠杆式压缩仪法）*

一、基本原理

土样在外力作用下便产生压缩，其压缩量的大小是与土样上所加的荷重大小以及土样的性质有关。如在相同的荷重作用上，软土的压缩量就大，而坚密的土则压缩量小；又如在同一种土样的条件下，压缩量随着荷重的加大而增加。因此，我们可以在同一种土样上，施加不同的荷重，一般情况下，荷重分级不宜过大。视土的软硬程度及工程情况可取为12.5kPa、25kPa、50kPa、100kPa、200kPa、400kPa、800kPa 等。最后一级荷重应大于土层计算压力的100～200kPa。这样，便可得不同的压缩量，从而可以算出相应荷重时土样的孔隙比。如图 6-1 可见，当土样在荷重 P_1 作用下，压缩量为 Δh。一般认为土样的压缩主要由于土的压密使孔隙减少产生的。因此，与未加荷前相比，可得：$\Delta h=e_0-e_1$。

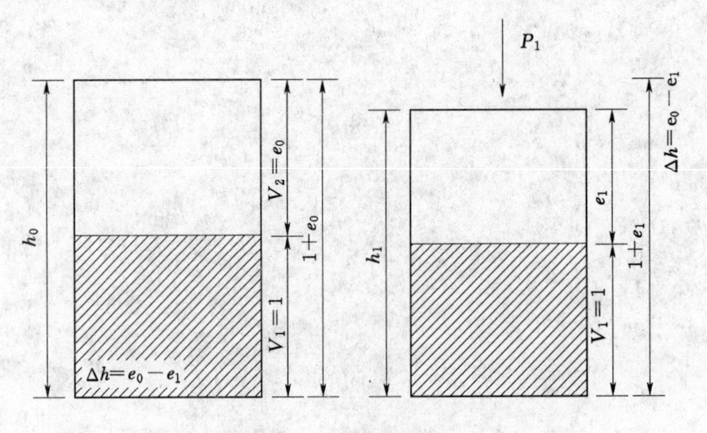

图 6-1　压缩试验原理

* 教学大纲要求的实验项目。

而土样在荷重 P_1 作用下产生的应变为 $\varepsilon=\frac{\Delta h}{h_0}$，从图 6-1 可得式（6-1）、式（6-2）：

$$\frac{\Delta h}{h_0}=\frac{e_0-e_1}{1+e_0} \tag{6-1}$$

$$e_0-e_1=\frac{\Delta h}{h_0}(1+e_0) \tag{6-2}$$

式中 e_1——在荷重 P_1 作用下，土样变形稳定时的孔隙比；

e_0、h_0——分别为原始土样的孔隙比和高度；

Δh——在荷重 P_1 作用下，土样变形稳定时的压缩量。

这样，施加不同荷重 P，可得相应的孔隙比 e_i，P_i，根据 e_i，P_i 值可绘制压缩曲线，并求得压缩系数 α。

杠杆式压缩仪是用砝码通过杠杆加压，压力只有 0.4～0.6MPa。基本上能满足一般工程的要求，目前被广泛采用。

固结试验中，后一级压力的施加均是在前一级压力下压缩至稳定后施加的。按稳定标准的不同，通常将固结试验分为 3 类：

(1) 稳定压缩：每级压力下持续 24h 为压缩稳定标准；测记试样高度变化后，即可施加下级压力。这是各类规范的常规标准。

(2) 对某些渗透系数大于 10^{-6} cm/s 的黏性土，允许以 1h 内试样变形量不大于 0.01mm 作为相对稳定标准，结果能够满足工程要求。

(3) 快速压缩：在各级压力下，压缩时间规定 1h，仅在最后一级压力下，除测记 1h 变形量外，还测读到稳定标准（24h）时的变形。在整理资料时，根据最后一级变形量，校正前几级压力下的变形量。当试验要求精度不高时，可采用快速压缩法。

二、仪器设备

(1) 杠杆式压缩仪：包括加压及测压装置、压缩容器和测微表（图 6-2）。

(2) 测含水率和密度所需的设备。

(3) 其他：滤纸、钟表等。

三、操作步骤

1. 试样的制备

按工程要求取原状土样或制备所需状态的扰动土样，按测定土的密度的方法用环刀切取土样，测定土的密度，并同时取土测定土的含水率。

2. 安装环刀

将装有土样的环刀外壁涂上凡士林油后，刃口向下套上护环，按图 6-3 安装压缩容器；首先将底板放在容器内，底板上顺次放洁净湿润的透水石和滤纸各一；再借提环螺丝将护环（内有环刀及试样）放到容器内，然后再在试样顶上顺次放入洁净湿润的滤纸和透水石，最后放入加压导环和传压活塞。

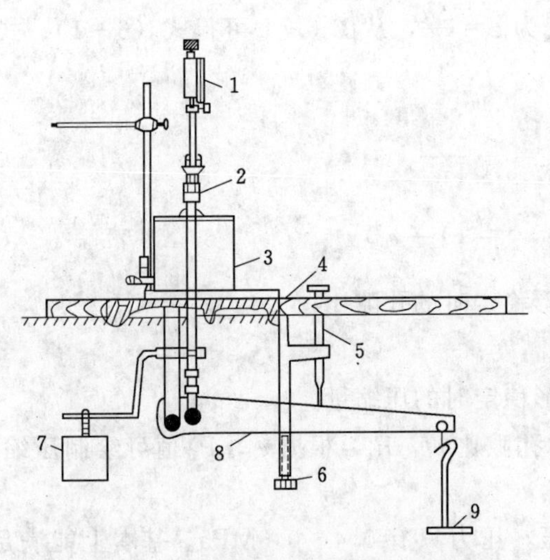

图 6-2　杠杆式压缩仪装置示意图

1—测微表；2—上部横梁；3—压缩容器；4—水平台；5—上部固定螺丝；6—下部固定螺丝；7—平衡锤；8—杠杆；9—砝码盘

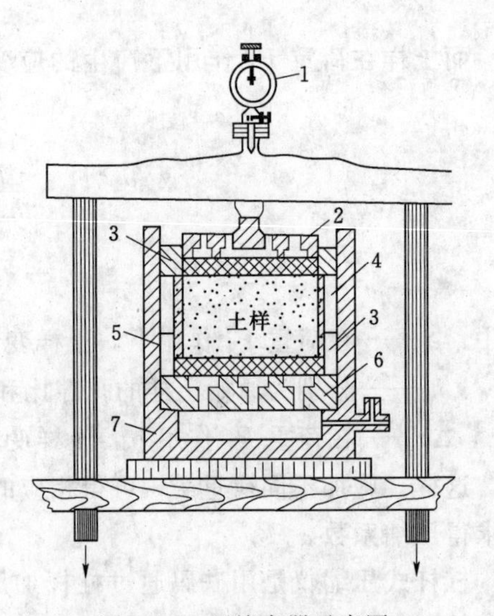

图 6-3　压缩容器示意图

1—测微表；2—加压盖；3—固定环；4—环刀；5—透水石；6—透水板；7—容器外壳

3. 设备检查

检查加压设备是否灵敏，调整平衡锤使杠杆水平，然后用下部支撑螺丝顶住。

4. 装置容器

将装好试样的压缩容器放到台固定位置，再将上部加压框架放上，装置测微表。

5. 施加预压

为保证试样与仪器上下部各部件之间接触良好，应施加 1kPa 的预压压力，调整测微表读数至零点。

6. 加压观测

(1) 加第一级压力，其大小视土的软硬程度分别采用 0.0125MPa、0.025MPa 和 0.05MPa，同时记录加压时间；在试验过程中，应始终保持加压杠杆水平，加压时将砝码轻放在砝码盘上。

(2) 如系饱和试样，则在施加第一级压力后，立即向容器中注水至满；如系非饱和试样，须以湿纱布围住上下透水石四周，避免试样水分蒸发。

(3) 加压后每隔 1h 读测微表一次，以压缩满 24h 为标准或每小时变形量不大于 0.01mm 时即认为变形稳定。测记读数后，施加下一级压力。依次逐级加压，至试验终止。

(4) 压力级增量不宜过大，视土的软硬程度及工程情况而定，一般顺序为 0.025MPa、0.05MPa、0.1MPa、0.2MPa、0.4MPa，或按设计要求，模拟实际加压情况适当调整，最后一级压力应大于土层计算压力的 0.1～0.2MPa。

(5) 快速法。在每小时观察测微表读数后即加下一级荷重；但最后一级压力，应观察到压缩稳定时为止或测读加压 24h 的变形读数。

（6）如需做卸荷膨胀试验，可于最后一级压力下变形稳定标准后卸荷；每次卸去两级压力的荷重，直至卸完为止。每次卸荷后的膨胀变形稳定标准与加荷相同。并测记每级荷重及最后无荷时的膨胀稳定变形量。

7. 拆除仪器

退去荷重后，拆去测微表，排除仪器中水分，按与安装相反的顺序拆除各部件，取出带环刀的试样。必要时，测定试样的试验后的含水率，将仪器擦净、涂油放好。

8. 仪器变形校正

考虑压缩仪本身及滤纸变形影响，应做压缩量的校正。校正方法按下述步骤进行：以试样相同大小的金属块代替土样放入容器中，然后与试验土样步骤一样，分别在金属块上加同等的压力，每隔 10min 加荷一次，测记各级压力下测微表读数；加至最大压力，记下测微表读数后，按与加荷相反的次序，每 10min 退荷一次，测记测微表读数，至荷重完全卸除为止。

按压缩试验步骤拆除仪器，重新安装，重复以上步骤再进行校正，取 2～3 次其平均值作为各级压力下仪器的变形量，平行试验差值不得超过 0.01mm。

四、数据整理

（1）计算各级压力下的试样变形量。

1）24h 稳定压缩法：某一压力压缩稳定后的土样总变形量$\sum\Delta h_i$为该压力下测微表读数减去仪器变形量。

2）每小时变形小于 0.01mm 稳定压缩法：某一压力下压缩稳定后土样的总变形量$\sum\Delta h_i$为该荷重下测微表稳定读数减去仪器变形量。

3）快速压缩法：按式（6-3）计算某荷重下试样校正后的变形量$\sum\Delta h_i$

$$\sum\Delta h_i = (h_i)_t \frac{(h_n)_T}{(h_n)_t} \qquad (6-3)$$

式中 $\sum\Delta h_i$——某压力下校正后的变形量，mm；

$(h_i)_t$——某一压力下压缩 1h 的总变形量减去该压力下的仪器变形量，mm；

$(h_n)_t$——最后一级压力压缩 1h 的总变形量减去该压力下的仪器变形量，mm；

$(h_n)_T$——最后一级压力下达到稳定标准时的总变形量减去该压力下的仪器变形量，mm。

（2）按式（6-4）计算试样的初始孔隙比 e_0：

$$e_0 = \frac{\rho_s(1+w_0)}{\rho_0} - 1 \qquad (6-4)$$

式中 ρ_s——土粒密度，g/cm³；

ρ_0——试样的初始密度，g/cm³；

w_0——试样初始含水率，以小数计。

（3）按式（6-5）计算各级压力下变形稳定后的孔隙比 e_i：

$$e_i = e_0 - (1+e_0)\frac{\sum\Delta h_i}{h_0} \qquad (6-5)$$

式中　h_0——试样初始高度，mm。

(4) 按式（6-6）、式（6-7）计算各级压力下的压缩系数 α 和压缩模量 E_s：

$$\alpha_v=\frac{e_i-e_{i+1}}{p_{i+1}-p_i} \quad (6-6)$$

$$E_s=\frac{1+e_0}{\alpha_v} \quad (6-7)$$

式中　p_i——某一级压力值，MPa；

α_v——压缩系数，MPa^{-1}；

E_s——某压力范围内的压缩模量，MPa。

(5) 某一范围内的体积压缩系数，应按式（6-8）计算：

$$m_v=\frac{1}{E_s}=\frac{\alpha_v}{1+e_0} \quad (6-8)$$

式中　m_v——某压力范围内的体积压缩系数，MPa^{-1}。

(6) 成果。将计算结果填入成果表中，并绘出 e—p 关系曲线，见图 6-4。

五、注意事项

(1) 切削试样，应十分耐心操作，尽量避免破坏土的结构，不允许直接将环刀压入土中。

(2) 在削去环刀两端余土时，不允许用刀来回涂抹土面，避免孔隙堵塞。

(3) 不要振碰压缩台及振动周围地面，加卸荷时均应轻放砝码。

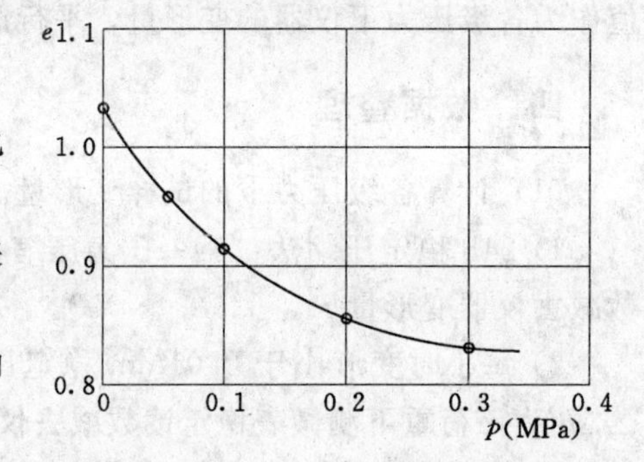

图 6-4　压缩曲线

六、成果应用

对于压缩系数 a_{1-2} 时，统一规定：$P_1=100$kPa，$P_2=200$kPa。工程上用压缩系数 a_{1-2} 来判断土的压缩性：$a_{1-2}<0.1MPa^{-1}$，土为低压缩性土；$0.1MPa^{-1}\leqslant a_{1-2}<0.5MPa^{-1}$，为中压缩性土；$a_{1-2}\geqslant 0.5MPa^{-1}$，为高压缩性土。压缩模量可用于估算地基的沉降量等。

七、试验记录

见附录中记录表 6-1 黏性土压缩试验记录（杠杆式压缩仪法）。

第二节　高压固结试验*

一、基本原理

压缩试验所用压力较小（0.4～0.6MPa）的杠杆式压缩仪测得的压缩性指标，基本上

* 教学大纲中要求的实验项目。

能满足一般工程的要求，但随着工程建筑规模的增大，土体所受的压力越来越大，为测得较大压力条件下的压缩性指标，需使用较大的仪器（高压固结仪）试验，称为高压固结试验，施加压力一般可达 1.0～5.0MPa。加荷形式可有杠杆式、磅秤式和气压式等。

本试验是测定试样在侧限和轴向排水条件下的变形和压力、变形和时间的关系，以便计算压缩指数、回弹指数、固结系数和前期固结压力等压缩性指标，了解土的压缩特性。

二、仪器设备

（1）高压固结仪。

（2）测土的含水率和密度所用的设备。

（3）其他：滤纸、钟表等。

三、操作步骤

1. 切取安装试样

按压缩试验方法制备并切取土样，放置于压缩容器中。

2. 加压观测

按不同加压设备的要求加各级压力，压力级不宜过大，视土的硬软程度和工程的情况而定，一般顺序是 0.0125MPa、0.025MPa、0.05MPa、0.1MPa、0.2MPa、0.4MPa、0.6MPa、0.8MPa、1.2MPa、1.6MPa、3.2MPa，最后一级压力应大于土层的计算压力的 0.1～0.2MPa。

如系饱和试样，则在施加第一级压力后，立即向水槽内注水，浸没试样；如系非饱和试样，需用湿棉纱围住加压盖板四周，避免水分蒸发。

需要测定沉降速率、固结系数时，施加每一级压力后宜按下列时间顺序记试样的高度变化。时间为 6s、15s、1min、2.25min（2′15″）、4min、6.25min（6′15″）、9min、12.25min（12′15″）、16min、20.25min（20′15″）、25min、30.25min（30′15″）、36min、42.25min（42′15″）、49min、64min、100min、200min、23h、24h，至稳定为止。不需测定沉降速率，可每 1h 记录测微表计数一次至 24h，以 24h 测定试样高度变化为稳定标准。对某些渗透性较强的土，每级压力可观测到每小时变化不大于 0.01mm 为止。

3. 回弹观测

需要进行回弹试验时，可在某级压力下（一般大于上覆压力）固结稳定后退压，直至退到要求的压力，每次退压至 24h 后测定试样的回弹量。

每次卸压后的膨胀变形稳定标准与加压相同，并测记每次卸压后的膨胀稳定变形量。

4. 拆除仪器

卸完压力后，拆去测微表，排除仪器中水分，按与安装时相反的顺序拆除各部件，取出环刀中的试样，用干滤纸吸去土样两端表面的水分，测试验后的含水率。将仪器各部件擦净，涂油放好。

四、数据整理

（1）按式（6-4）计算试样的初始孔隙比 e_0。

（2）按式（6-5）计算各级压力下变形稳定后的孔隙比 e_i。

（3）作 e—$\lg p$ 关系曲线。以孔隙比 e 为纵坐标，以 $\lg p$ 为横坐标，绘制 e—$\lg p$ 关系曲线。

（4）按式（6-9）计算压缩指数 C_c 和回弹指数 C_s：

$$C_c \text{ 或 } C_s = \frac{e_i - e_{i+1}}{\log p_{i+1} - \log p_i} \tag{6-9}$$

式中　C_c——压缩指数，C_c 是曲线中直线段的斜率；

C_s——回弹指数，C_s 是回弹曲线的平均斜率。

压缩指数类似于压缩系数，也可以判别土的压缩性的大小，该值越大，表示在一定压力变化的 Δp 范围内，孔隙比的变化量 Δe 越大，说明土的压缩性越高，见表 6-1。

表 6-1　压缩指数评价土的压缩性

压缩指数	压缩性评价
$C_c<0.2$	低压缩性土
$0.2<C_c<0.4$	中压缩性土
$C_c>0.4$	高压缩性土

（5）按以下方式确定前期固结压力 p_c：在 e—$\lg p$ 曲线上，先找出相应于最小曲率半径 R_{min} 的点 O，过 O 点作该曲线的切线 OA 和水平线 OB，作∠AOB 的分角线 OD，延长曲线后段的直线部分与 OD 线相交于 C 点，则 C 点对应的压力 p_c 即为土的前期固结压力。

（6）按下列两法之一求固结系数 C_v。

1）时间平方根法。对于某一荷重，以测微表读数 d（mm）为纵坐标，以时间平方根 $\sqrt{t}$（min）为横坐标，绘制 d—$\sqrt{t}$ 曲线；延长 d—$\sqrt{t}$ 曲线开始的直线段，与曲线交于 d_0。过 d_0 绘制另一直线，令其横坐标为前一直线横坐标的 1.15 倍，则后一直线与 d—$\sqrt{t}$ 线交点所对应的时间的平方，即为试样固结度达 90%所需的时间 t_{90}，按式（6-10）计算该荷重下的固结系数：

$$C_v = \frac{0.848\,\overline{h^2}}{t_{90}} \tag{6-10}$$

式中　h——最大排水距离，等于某一荷重下试样初始与终了高度的平均值之半。

2）时间对数法。对于某一压力，以试样的变形 d（mm）为纵坐标，以时间对数 $\lg t$（min）为横坐标，绘制 $d-\lg t$ 曲线；延长 $d-\lg t$ 曲线开始线段，选任一时间 t_1，与其相对应的测微表读数为 d_1，再取时间 $t_2=t_1/4$，与其相对应的测微表读数为 d_2，则 $2d_2-d_1$ 之值为 d_{01}。如此再选取另一时间，依同法取得 d_{02}、d_{03}、d_{04} 等，取其平均值即为理论零点 d_0。延长 $d-\lg t$ 曲线中部的直线段和过曲线尾部数点作一切线，两线的交点即为理论终点 d_{100}，则 $d_{50}=(d_0+d_{100})/2$。对应于 d_{50} 的时间即为固结度达 50%所需的时间 t_{50}。然后，按式（6-11）求在该压力下的固结系数 C_v：

$$C_v = \frac{0.197\,\overline{h^2}}{t_{50}} \tag{6-11}$$

用上述两法都可求算出 C_v（cm^2/s），根据经验，当荷重小于 p_c 时，用前法较好；荷重大于 p_c 时，用后法较好。

五、思考题

（1）同压缩试验相比，高压固结试验有哪些区别？

(2) 依据试验数据，以孔隙比 e 为纵坐标，以 $\lg p$ 为横坐标，绘制 e—$\lg p$ 关系曲线，并求出前期固结压力。

六、试验记录

见附录中记录表 6-2、表 6-3 固结试验记录。

试验七　直 接 剪 切 试 验*

一、基本原理

试验的原理是根据库仑定律，土的内摩擦力与剪切面上的法向压力成正比。试验将土样制备成几个土样，分别在不同的法向压力下，沿水平面施加剪力，测得其破坏时的剪应力，即为抗剪强度 τ_f。然后，根据库仑定律测定土的抗剪强度指标 c、φ。

按土样在法向压力作用下压缩及受剪时的排水情况不同，试验方法可分为 3 种：

（1）快剪（或称不固结不排水剪）：即在试样上施加垂直压力后，立即加水平剪切力。在整个试验中，不允许试样的原始含水率有所改变（试样两端敷以隔水纸），即在试验过程中孔隙水压力保持不变（3～5min 内剪坏）。该法适用于渗透系数小于 10^{-6}m/s 的细粒土。这种方法将使粒间有效应力维持原状，不受试验外力的影响，但由于这种粒间有效应力的数值无法求得，所以试验结果只能求得（$\sigma\tan\varphi_q + c_q$）的混合值。快剪法适用于测定黏性土天然强度，但 φ_q 将会偏大。

（2）慢剪（或称固结排水剪）：即在加垂直压力后，允许试样充分排水（两端加滤水纸以帮助排水），在土样完全固结后，再以 0.02mm/min 的剪切速率施加水平剪力。在剪切过程中，使土样内始终不产生孔隙水压力。用几个土样在不同垂直压力下进行剪切，将得到有效应力抗剪强度参数 C_s 和 φ_s 值。但历时较长。

（3）固结快剪（或称固结不排水剪）：在某一级垂直压力下土样完全排水固结稳定后，以 0.8mm/min 的速度施加水平剪力。在剪切过程中不允许排水（规定在 3～5min 内剪坏）。适用于渗透系数小于 10^{-6}m/s 的细粒土。由于时间短促，剪力所产生的超静水压力不会转化为粒间的有效应力，用几个土样在不同垂直压力下进行慢剪，便能求得抗剪强度参数 φ_{cq} 和 c_{cq} 值，这种 c_{cq} 和 φ_{cq} 值称为总应力法抗剪强度参数。

由于上述 3 种实验方法的受力条件不同，所得抗剪强度值也不同。土体中的应力变化过程相当复杂，在选择试验方法时，应注意所采用的方法尽量反映土的特性和工程所处的工作阶段，并与分析计算方法相适应。必须根据土所处的实际应力情况来选择试验方法。

直接剪切试验不能严格控制排水条件，以土样所受的总应力为计算标准，所得强度为总应力强度。施加某一垂直压力后，逐渐施加水平剪应力，同时测得相应的剪切位移，直至土样被剪坏为止。通常以剪应力的最大值（峰值）或稳定值作为抗剪强度，如无明显变化，以剪切位移等于 4mm 的剪应力值作为土的抗剪强度。如有明显变化，以峰值强度作为抗剪强度。

---

* 教学大纲中要求的实验项目。

二、仪器设备

（1）直接剪切仪：应变控制式直剪仪（图 7－1）。

（2）环刀：内径 61.8mm（面积 $30cm^2$），高度 20mm。

（3）位移量测设备：量程为 10mm，分度值为 0.01mm 的百分表，或准确度为全量程 0.2%的传感器。

（4）其他：天平、修土刀、凡士林、滤纸或隔水纸、秒表、直尺等。

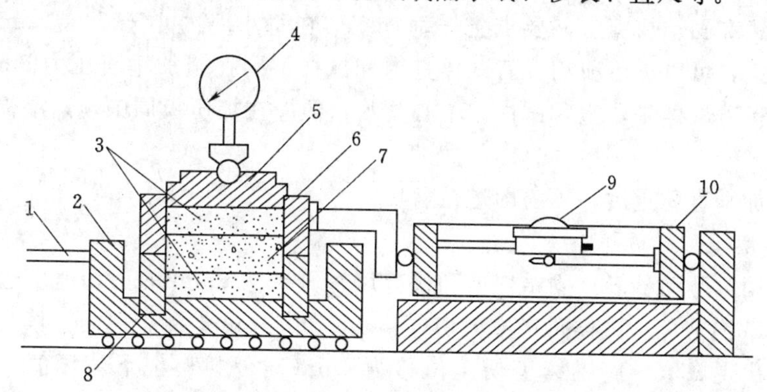

图 7－1　应变控制式直剪仪示意图

1—轮轴；2—底座；3—透水石；4—测微表；5—活塞；6—上盒；7—土样；8—下盒；9—测微表；10—量力环

三、操作步骤

1. 切取土样

按工程需要，用已知质量、高度和面积的环刀，取相同试样 4～5 个，并用环刀法测其密度，其密度差不应大于 $0.03g/cm^3$，取余土测含水率。

2. 检查仪器

（1）检查竖向和横向传力杠杆是否水平；如不平衡时，调节使之水平。

（2）上下销钉和升降螺丝是否失灵。

（3）检查测微表灵敏性。

（4）将上下盒间接触面及盒内表面涂薄层凡士林，以减少摩阻力。

（5）对应变控制式直剪仪，尚需检查弹性钢环两端是否能与剪切容器和端承支点接触紧；将手轮逆时针方法旋转，使推进器与容器离开，然后将推进器和保险销钉拧开，检查螺母轮或螺丝槽有无脱离现象。

3. 安装试样

（1）对准上下盒，插入固定销。在下盒内放入透水板和湿滤纸一张，将带有试样的环刀刃口向上，对准剪切盒口，在试样上放滤纸和透水板，将试样小心地推入剪切盒内。

（2）移动传动装置，使上盒前端钢珠刚好与测力计接触，依次放上传压板，加压框架，安装垂直位移和水平位移量测装置，并调至零位或测记初读数。

注意：透水板和滤纸的湿度接近试样的湿度，慢剪和固结快剪均放滤纸，快剪用硬塑料薄膜或隔水纸代替滤纸，不需安装垂直位移装置。

4. 垂直加荷

每组试验至少取 4 个试样，在 4 种不同垂直压力下施加水平剪力。垂直压力由现场预期的最大压力决定，可按 0.025MPa、0.05MPa、0.1MPa、0.2MPa、0.3MPa、0.4MPa、0.6MPa 等加压，一般垂直压力选择 0.1MPa、0.2MPa、0.3MPa、0.4MPa 四级压力分别加压。各垂直压力可一次轻轻施加；若土质松散，也可分次施加，以防土样挤出。施加压力后，每 1h 测读垂直变形一次，直至试样固结变形稳定。

对于慢剪法和固结快剪法，要求土样垂直变形在每小时内小于 0.005mm，此时才认为固结达到稳定，可以进行剪切。若试样是饱和试样，则在施加垂直压力 5min 后，向剪切盒内注满水；若试样是非饱和试样，不必注水，但应在加压板周围包以湿棉纱，以防水分蒸发。

快剪法在加垂直荷重后，须立即进行剪切。

5. 水平剪切

拔出固定销，开动秒表；固结快剪和快剪以每分钟 0.8mm 的剪切速度进行剪切，使试样在 3～5min 内剪坏。试样每产生剪切位移 0.2～0.4mm，测记测力计读数和位移，直至测力计读数出现峰值，应继续剪切至位移为 4mm 时停机，记下破坏值；一般的，在 3～5min 内测微表读数已不再增加甚至减少时，土样已被剪坏，但读数还需继续读 3～5 次后便可停止这一试样的试验。如当剪切过程中测力计读数无峰值，应剪切至剪切位移为 6mm 时停机，以剪切位移为 4mm 时的测力计读数为破坏值。

同时，测记手轮转数 n 和量力环测微表读数 R、剪切位移 $L=20n-R$（L 和 R 的单位都为 0.01mm）。

慢剪法剪切速率应小于 0.020～0.025mm/min，一般用电动装置。当需要估算试样的剪切破坏时间，可按式（7－1）计算：

$$t_t = 50t_{50} \tag{7-1}$$

式中 t_t——达到破坏所经历的时间；

t_{50}——固结达 50％所需的时间。

6. 拆除仪器

剪切结束后，测记垂直测微表读数，吸去盒中积水，尽快地依次卸除测微表、荷载、上盒等；必要时，测定剪切后的土样含水率。

四、数据整理

（1）各级垂直压力下土的剪应力 τ 按式（7－2）或式（7－3）计算：

$$\tau = \frac{CR}{A_0} \times 10 \tag{7-2}$$

或

$$\tau = KR \tag{7-3}$$

式中 τ——试样所受的剪应力，kPa；

C——量力环校正系数，N/0.01mm；

R——量力计量表读数，0.01mm；

K——量力环校正系数，kPa/0.01mm；

A_0——试样面积，cm^2。

(2) 绘制剪应力与剪切位移 $\tau—\Delta l$ 关系曲线。以剪应力为纵坐标，以剪切位移为横坐标，取曲线上剪应力的峰值为抗剪强度，无峰值时，取剪切位移 4mm 所对应的剪应力为抗剪强度（图 7-2）。

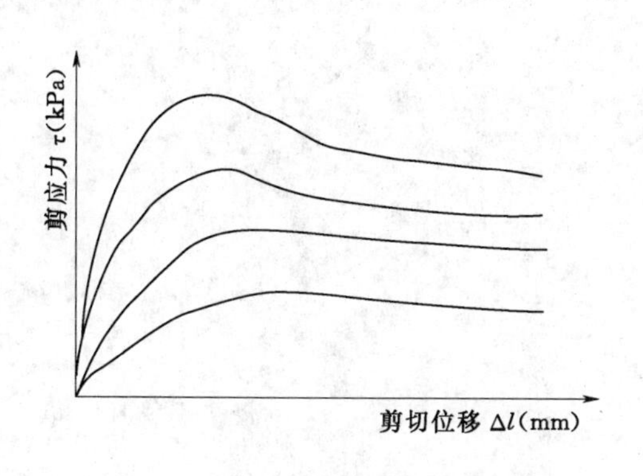

图 7-2　剪应力与剪切位移关系图

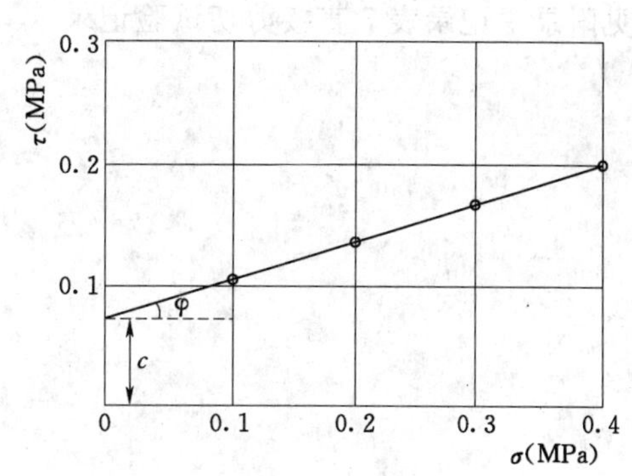

图 7-3　抗剪强度 τ_f 与垂直压力 σ 关系曲线

(3) 制绘 $\tau—\sigma$ 关系曲线。以抗剪强度 τ_f 为纵坐标，以垂直压力 σ 为横坐标，绘制直线 $\tau_f—\sigma$。直线的倾角为土的内摩擦角 φ，直线在纵坐标轴上的截距为土的内聚力 c。

注意：当 $\tau_f—\sigma$ 直线中 3 点不能连成一条直线，且相差不大时（不超过相应抗剪强度的 5%），可用三角形法求得近似直线代替。其做法是连接 3 点组成一个三角形，通过三角形中线的交点（三角形重心）做平行于最长边的平行线，此线即为所得的近似直线。

五、注意事项

(1) 仪器应定期校正检查，保证加荷准确。

(2) 每组几个试样应是同一层土，密度值不应超过允许误差；同一组试样应在同一台仪器中进行，以消除仪器误差。

(3) 一次与分级施加垂直压力对土的压缩是有影响的，土的塑性指数越大，影响也越大。所以，对低含水率高密度的黏性土，垂直压力应一次施加，对于松软的黏土，为避免试样挤出，垂直压力宜分级施加。

(4) 对于高含水率低密度的土或透水性大的土，即使加快剪切速率，也难免排水固结，建议用土体三轴仪测定这类土的不排水强度。

六、成果应用

直剪试验的设备简单，操作方便，故目前在实际工程中使用比较普遍。然而，直剪试验中只是用剪切速率的“快”与“慢”来模拟试验中的“不排水”和“排水”，对试验排水条件的控制是很不严格的，因此在有条件的情况下应尽量采用三轴试验方法。

抗剪强度指标是挡土墙及地下结构土压力计算、土坡稳定性验算、地基承载力与地基稳定性计算等方面的重要指标之一。

七、思考题

为什么不同的试验方法，有的试样两端放滤纸，有的放隔水纸？

八、试验记录

见附录中记录表 7 直接剪切试验记录。

试验八　三 轴 压 缩 试 验*

三轴压缩试验是测定土的抗剪强度的一种方法。堤坝填方、路堑、岸坡等是否稳定，挡土墙和建筑物地基是否能承受一定的荷载，都与土的抗剪强度有密切的关系。

一、试验原理

三轴压缩试验是用橡皮膜包封一圆柱状试样，将其至于透明密封容器中，然后向容器中注入液体，并加压力，使试样各个方向受到均匀的液体压力（即最小主应力 σ_3）；此后，在试样两端通过活塞杆逐渐施加竖向压力 σ_v，则最大压力为最小压力与竖向压力之和，即最大主应力 $\sigma_1=\sigma_3+\sigma_v$，一直加到试样被破坏时为止。根据极限平衡理论，用破裂时的最大和最小主应力绘制摩尔圆。同一土样，可取 3 个以上试样，分别在不同周围压力（即最小主应力在 σ_3）下、不同垂直压力（最大主应力 σ_1）作用下剪切，并在同一坐标中绘制相应的摩尔圆的包络线。此线即为该土的抗剪强度曲线。通常以近似的直线表示，其倾角即为内摩擦角 φ，纵坐标的截距即为黏聚力 c（图 8－1）。

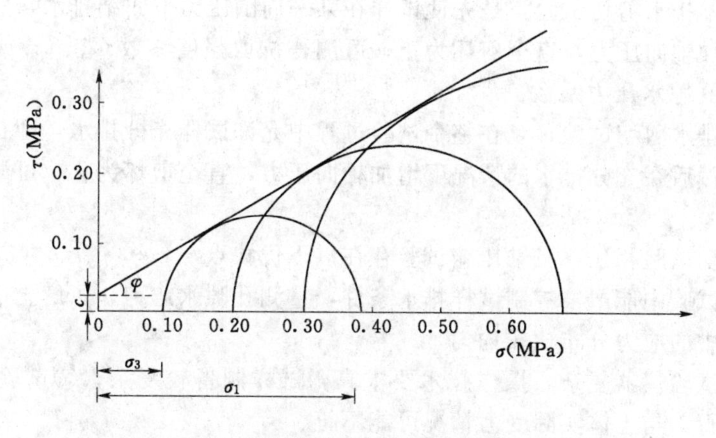

图 8－1　三轴压缩试验的应力圆及强度包络线

三轴剪切仪，分为应变控制式和应力控制式（图 8－2）。前者操作方便，应用广泛；后者除施加轴向压力不同外，主要部件与前者相同，操作比较麻烦，难以测定应力—应变曲线上的峰值，但是对于测固结排水的抗剪强度以及测定土的长期强度及静变形模量等仍有一定的用途。

根据排水条件不同，将三轴压缩试验分为 3 种情况，即不固结不排水剪切，固结排水

* 教学大纲中要求的实验项目。

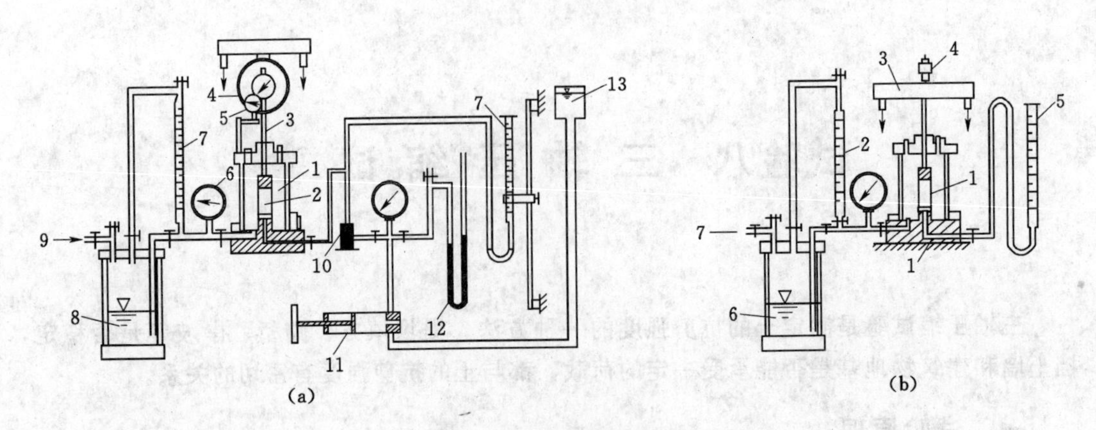

图 8-2　三轴剪切仪

(a) 应变控制式

1—压力室；2—试样；3—活塞；4—量力环；5—测微表；6—压力表；7—量水管；8—压力库；9—接空气压缩机；10—毛细管；11—压力控制室；12—U形测压管；13—供水瓶

(b) 应力控制式

1—压力室；2—试样；3—加压横梁；4—测微表；5—量水管；6—压力库；7—接空气压缩机

剪切试验和固结不排水剪切试验。试验方法的选择应根据工程情况，土的性质，建筑物施工和使用条件，以及所采用的分析方法而定。

(1) 不固结不排水剪切试验，是在整个实验过程中，从施加周围压力和轴向压力直至剪坏为止，均不允许排水。饱和试样，可以测得抗剪强度参数 C_u、φ_u。

(2) 固结不排水剪切试验，是先使试样在某一周围压力下固结排水，然后保持在不排水情况下，增加轴向压力，直至剪坏为止；可测得抗剪强度参数 C_{cu}、φ_{cu} 或有效抗剪强度参数 C'、φ' 和孔隙水压力系数。

(3) 固结排水剪切试验，是在整个试验过程中允许试样充分排水，即在某一周围压力下排水固结，然后在充分排水的情况下增加轴向压力，直至剪坏为止；可测得有效抗剪强度参数 C_d、φ_d。

和直接剪切试验相比，三轴压缩试验存在以下优缺点。

优点：①试验中能严格控制试样排水条件，量测孔隙水压力，了解土中有效应力变化情况；②试样中的应力分布比较均匀。

缺点：①试验仪器复杂，操作技术要求高，试样制备较复杂；②试验在 $\sigma_2=\sigma_3$ 的轴对称条件下进行，与土体实际受力情况可能不符。

本试验采用应变控制式三轴剪切仪，主要测定原状黏性土的强度指标。

二、仪器设备

(1) 应变控制式三轴剪切仪主要有压力室，轴向加压设备，施加围压系统，体积变化和孔隙压力测量系统。

1) 三轴压力室。压力室是三轴仪的主要组成部分，它是由一个金属上盖、底座以及透明有机玻璃圆筒组成的密闭容器，压力室底座通常有 3 个小孔分别与围压系统以及体积变形和孔隙水压力量测系统相连。

2）轴向加荷传动系统。采用电动机带动多级变速的齿轮箱，或者采用可控硅无级调速，根据土样性质及试验方法确定加荷速率，通过传动系统使土样压力室自下而上的移动，使试件承受轴向压力。

3）轴向压力测量系统。通常的试验中，轴向压力由测力计（测力环或称应变圈等）来反映土体的轴向荷重，测力计为线性和重复性较好的金属弹性体组成，测力计的受压变形由百分表测读。轴向压力系统也可由荷重传感器来代替。

4）周围压力稳压系统。采用调压阀控制，调压阀当控制到某一固定压力后，它将压力室的压力进行自动补偿而达到周围压力的稳定。

5）孔隙水压力测量系统。孔隙水压力由孔隙水压力传感器测得。

6）轴向应变（位移）测量装置。轴向距离采用大量程百分表（0～30mm 百分表）或位移传感器测得。

7）反压力体变系统。由体变管和反压力稳定控制系统组成，以模拟土体的实际应力状态或提高试件的饱和度以及测量试件的体积变化。

（2）切土盘（切取较软的土）或切土器（切取较硬的土），见图 8－3、图 8－4。

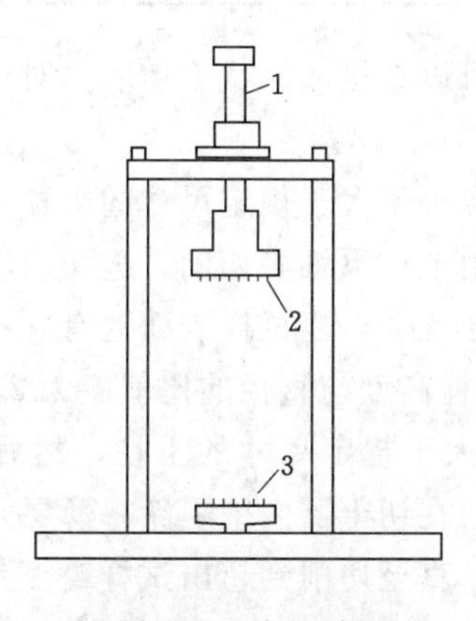

图 8－3　切土盘

1—轴；2—上圆盘；3—下圆盘

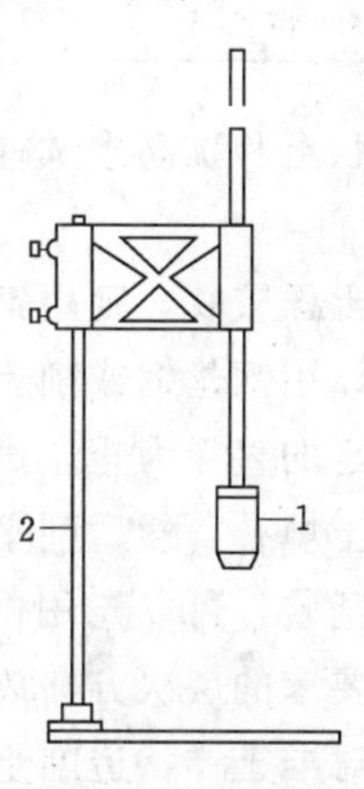

图 8－4　切土器

1—切土筒；2—支架

（3）承膜筒，见图 8－5。

（4）其他：橡皮膜，烘箱，秒表，干燥箱，称量盒，切土刀，钢丝锯，滤纸，卡尺等。

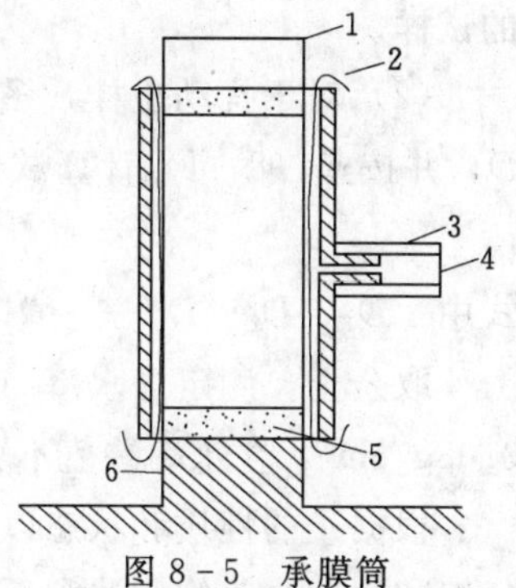

图 8－5　承膜筒

1—试样帽；2—橡皮膜；3—橡皮管；4—吸气口；5—透水石；6—试样底座

三、操作步骤

1. 检查仪器

（1）周围压力的测量精度，要求达到最大压力的 1%。根据试样的强度大小，选择不同量度的量力环，使最大轴向压力的精度不小于 1%。

（2）排除孔隙压力测量系统的气泡，首先将零位置指示器中水银移入贮槽内，提高量管水头，将孔隙水压力阀及量管阀打开，脱气水自量管向试样座溢出排除其中的气泡，后者关闭孔隙压力阀及量管阀，用调压筒加大压力至0.5MPa，使气泡溶于水中，然后迅速打开孔隙压力阀，使压力水冲出底座外，带走气泡，如此重复数次，即可以达到排气的目的。排气完毕后关闭孔隙压力阀及量管阀，从贮槽中移回水银，然后用调压筒施加压力，要求整个孔隙压力系统在0.5MPa压力下，零位指示器的毛管水银上升不超过3mm左右。

(3) 检查排水管路是否通畅。活塞在轴套内滑动是否正常，连接处有无漏水现象，检查完毕后，关闭周围压力阀，孔隙压力阀，以备使用。

2. 制备试样

本试验采用的试样最小直径为ϕ39mm，最大直径为ϕ101mm，试样高度宜为试样直径的2～2.5倍。试样的允许最大粒径应符合表8-1的规定。对于有裂缝、软弱面和构造试样，试样直径宜大于60mm。

表8-1 试样的土粒最大粒径 单位：mm

试样直径	<100	>100
允许最大粒径	试样直径的1/10	试样直径的1/5

试样分原状土和扰动土试样，对原状土样可以直接从原状土切取。对于原状土用下述方法制备：

(1) 如果土样较软，则用钢丝锯或削土刀取一稍大于规定尺寸的土柱，放在切土盘的上下圆盘之间，用钢丝锯或削土刀紧靠侧板，由上往下细心切削，边切边转动圆盘，直到试样被削成规定的直径为止。试样切削时应避免扰动，当试样表面遇有砾石或凹坑时，允许用削下的余土填补。然后削平上下两端，(试样高度与直径的比值应为2.0～3.5)。

如果土样坚硬，可以先用削土刀切取一稍大于规定尺寸的土柱，然后将上下两端削平，按试样所要求的层次方向放平在切土器上，在切土器内壁上涂一薄层凡士林油，将切土器刃口向下对准土样，边削土样边压切土器；直至切削到超出试样高度约20mm。将试样取出，按要求高度将两端削平，若试样因表面遇有砾石而成空洞，允许用土填补。

对于直径大于100mm的土样，可用分样器切成3个土柱，按上述方法切取ϕ39.1mm的试样。

(2) 对于扰动土样，多用击实法制备。将削好的土样称量，用卡尺测量试样的直径D，并按式(8-1)计算试样的平均直径D_0：

$$D_0 = (D_1 + 2D_2 + D_3)/4 \tag{8-1}$$

式中 D_1、D_2、D_3——试样上部、中部、下部位的直径。

取余土，测定含水率(对于同一组原状土，取3个试样，其密度的差值不宜大于0.03g/cm^3，含水率差值不大于2%)。

根据土的性质和状态以及对饱和度的要求，可以采用不同的方法进行试样饱和，如抽气饱和法、水头饱和法和反压力饱和法等。最常用的是抽气饱和法，即将试样装入饱和器内，放入真空缸内，与抽气机接通，开动抽气机，连续真空抽气2～4h，然后停止抽气，静止12h左右即可。

3. 安装试样、剪切试样

(1) 不固结不排水剪切试验。

1) 在压力室的底座上，依次放上不透水板、试样及不透水试样帽。

2) 将橡皮膜套在承膜筒内，并将两端反过来从吸嘴吸气，使膜紧贴承膜筒内壁，然后套在试样外，放气，翻起橡皮膜。取出承膜筒，用橡皮圈将橡皮膜分别扎紧在试样底座和试样帽上。

3) 将压力室罩顶部活塞提高（以免碰撞试样），放下压力室罩，然后将活塞对准试样的中心，并均匀地旋紧底座连接螺丝。向压力室内注满纯水，待压力室顶部排气孔有水溢出时，拧紧排气孔，并将活塞对准测力计和试样顶部。

4) 将离合器调至粗位，转动粗调手轮，使试样帽与活塞及测力计接触，装上变形指示计，将测力计和变形指示计调至零位。

5) 关排水阀，开周围压力阀，施加周围压力。周围压力的大小，应与工程实际荷重相适应，并尽可能使最大周围压力与土体的最大实际荷重大致相等。一般可按 0.1MPa、0.2MPa、0.3MPa、0.4MPa 施加。

6) 剪切应变速率宜为每分钟应变 0.5%～1.0%。

7) 启动电动机，合上离合器，开始剪切。试样每产生 0.3%～0.4%的轴向应变（或 0.2mm 变形值），测记一次测力计读数和轴向变形值。当轴向应变大于 3%时，试样每产生 0.7%～0.8%的轴向应变（或 0.5mm 变形值），测记一次。当测力计读数出现峰值时，剪切应继续进行到轴向应变为 15%～20%。

8) 试验结束，关电动机，关周围压力阀，脱开离合器，将离合器调至粗位，转动粗调手轮，将压力室降下，打开排气孔，排除压力室内的水，拆卸压力室罩，拆除试样，描述试样破坏形状，称试样质量，并测定含水率。

(2) 固结不排水剪切试验。

1) 试样的安装按下列步骤进行：开孔隙水压力阀和量管阀，对孔隙水压力系统及压力室底座充水排气后，关孔隙水压力阀和量管阀。压力室底座上依次放上透水板、湿滤纸、试样、湿滤纸、透水板，试样周围贴浸水的滤纸条 7～8 条。将橡皮膜用承膜筒套在试样外，并用橡皮圈将橡皮膜下端与底座扎紧。打开孔隙水压力阀和量管阀，使水缓慢地从试样底部流入，排除试样与橡皮膜之间的气泡，关闭孔隙水压力阀和量管阀。打开排水阀，使试样帽中充水，放在透水石上，用橡皮圈将橡皮膜上端与试样扎紧，降低排水管，使管内水面位于试样中心以下 20～40cm，排除试样与橡皮膜之间的余水，关排水阀。需要测定土的应力应变关系时，应在试样与透水板之间放置中间夹有硅脂的两层圆形橡皮膜，膜中间应留有直径为 1cm 圆孔排水。

压力室罩安装、充水及测力计调整同不排水不固结剪切试验。

2) 试样排水固结按下列步骤进行：

a. 调整排水管使管内水面与试样高度的中心齐平，测记排水管水面读数。

b. 开孔隙水压力阀，使孔隙水压力等于大气压力，关孔隙水压力阀，记下初始读数。

c. 将孔隙水压力调至接近周围压力值，施加周围压力后，再打开孔隙水压力阀，待孔隙水压力稳定测定孔隙水压力。

d. 固结完成后，关排水阀，测记孔隙水压力和排水管水面读数。

e. 微调压力机升降台，使活塞与试样接触，此时轴向变形指示计的变化值为试样固结时的高度变化。

3）剪切试样按下列步骤进行：

a. 剪切应变速率：黏土宜为每分钟应变 0.05%～0.1%；粉土为每分钟应变 0.1%～0.5%。

b. 将测力计、轴向变形指示计及孔隙水压力读数均调至零位。

c. 启动电动机，合上离合器，开始剪切。测力计、轴向变形、孔隙水压力按不排水不固结剪切试验步骤进行测记。

d. 试验结束，关电动机，关闭各阀门，脱开离合器，将离合器调至粗位，转动粗调手轮，将压力室降下，打开排气孔，排除压力室内的水，拆卸压力室罩，拆除试样，描述试样破坏形状，称试样质量，并测定含水率。

（3）固结排水剪切试验。试样的安装、固结、剪切应按固结不排水剪的步骤进行。但在剪切过程中应打开排水阀，剪切速率采用每分钟应变 0.003%～0.012%。

四、数据整理

1. 不固结不排水剪切试验

（1）轴向应变按式（8-2）计算：

$$\varepsilon_1 = \frac{\Delta h_1}{h_0} \times 100 \tag{8-2}$$

式中 ε_1——轴向应变值，%；

h_0——试样初始高度值，mm；

Δh_1——剪切过程中试样的高度变化值，mm。

（2）试样面积的校正，按式（8-3）计算：

$$A_a = \frac{A_0}{1-\varepsilon_1} \tag{8-3}$$

式中 A_a——试样的校正断面积，cm^2；

A_0——试样的初始断面积，cm^2。

（3）主应力差应按式（8-4）计算：

$$\sigma_1 - \sigma_3 = \frac{CR}{A_a} \times 10 \tag{8-4}$$

式中 $\sigma_1-\sigma_3$——主应力差，kPa；

σ_1——大总主应力，kPa；

σ_3——小总主应力，kPa；

C——测力计率定系数，N/0.01mm 或 N/mV；

R——测力计读数，0.01mm。

（4）绘制主应力差与轴向应变关系曲线：以轴向应变值 ε_1 为横坐标，以主应力差为纵坐标。取曲线上主应力差的峰值为破坏点，无峰值时，取 15%轴向应变时的主应力差值作为破坏点。

（5）绘制破损应力圆：以剪应力为纵坐标，法向应力为横坐标，在横坐标轴以破坏时的$\frac{\sigma_{1f}+\sigma_{3f}}{2}$为圆心，以$\frac{\sigma_{1f}-\sigma_{3f}}{2}$为半径，在$\tau$—$\sigma$应力平面上绘制破损应力圆，并绘制不同周围压力下破损应力圆的包络线，求出不固结不排水抗剪强度参数。

2. 固结不排水剪切试验

（1）试样固结后的高度，应按式（8-5）计算：

$$h_c = h_0\left(1-\frac{\Delta V}{V_0}\right)^{1/3} \tag{8-5}$$

式中　h_c——试样固结后的高度，cm；

ΔV——试样固结后与固结前的体积变化，cm^3；

V_0——试样固结前的体积，cm^3。

（2）试样固结后的面积，应按式（8-6）计算：

$$A_c = A_0\left(1-\frac{\Delta V}{V_0}\right)^{2/3} \tag{8-6}$$

式中　A_c——试样固结后的断面积，cm^2。

（3）试样面积的校正，应按式（8-7）、式（8-8）计算：

$$A_a = \frac{A_0}{1-\varepsilon_1} \tag{8-7}$$

$$\varepsilon_1 = \frac{\Delta h_1}{h_0} \tag{8-8}$$

（4）主应力差计算按不固结不排水剪切试验，见式（8-4）。

（5）有效主应力比按下式计算：

1）有效大主应力应按式（8-9）计算：

$$\sigma_1' = \sigma_1 - u \tag{8-9}$$

式中　σ_1'——有效大主应力，kPa；

u——孔隙水压力，kPa。

2）有效小主应力应按式（8-10）计算：

$$\sigma_3' = \sigma_3 - u \tag{8-10}$$

式中　σ'_3——有效小主应力，kPa。

3）有效主应力比应按式（8-11）计算：

$$\frac{\sigma_1'}{\sigma_3'} = 1+\frac{\sigma_1'-\sigma_3'}{\sigma_3'} \tag{8-11}$$

（6）孔隙水压力系数，按下式计算：

1）初始孔隙水压力系数应按式（8-12）计算：

$$B = \frac{u_0}{\sigma_3} \tag{8-12}$$

式中　B——初始孔隙水压力系数；

u_0——施加周围压力产生的孔隙水压力，kPa。

2）破坏时孔隙水压力系数应按式（8-13）计算：

$$A_f = \frac{u_f}{B(\sigma_1 - \sigma_3)} \tag{8-13}$$

式中 A_f——破坏时的孔隙水压力系数；

u_f——试样破坏时，主应力差产生的孔隙水压力，kPa。

(7) 主应力差与轴向应变关系曲线，按不固结不排水剪切试验。

(8) 以有效应力比为纵坐标，轴向应变为横坐标，绘制有效应力比与轴向应变曲线。

(9) 以孔隙水压力为纵坐标，轴向应变为横坐标，绘制孔隙水压力与轴向应变关系曲线。

(10) 以$\frac{\sigma_1' - \sigma_3'}{2}$为纵坐标，$\frac{\sigma_1' + \sigma_3'}{2}$为横坐标，绘制有效应力路径曲线，并计算有效内摩擦角和有效黏聚力。

1) 有效内摩擦角应按式 (8-14) 计算：

$$\varphi' = \sin^{-1}\tan\alpha \tag{8-14}$$

式中 φ'——有效内摩擦角，(°)；

α——应力路径图上破坏点连线的倾角，(°)。

2) 有效黏聚力应按式 (8-15) 计算：

$$c' = \frac{d}{\cos\varphi'} \tag{8-15}$$

式中 c'——有效黏聚力，kPa；

d——应力路径上破坏点连线在纵轴上的截距，kPa。

(11) 以主应力差或有效主应力比的峰值为破坏点，无峰值时，以有效应变路径的密集点或轴向应变 15%时的主应力差值作为破坏点，按不固结不排水剪的第 5 点的规定绘制破损应力圆及不同周围压力下的破损应力圆包络线，并求出总应力强度参数；有效内摩擦角和有效黏聚力，应以$\frac{\sigma_1' + \sigma_3'}{2}$为圆心，以$\frac{\sigma_1' - \sigma_3'}{2}$为半径绘制有效破损应力圆确定。

3. 固结排水剪切试验

(1) 试样固结后的高度、面积，应按固结不排水剪切试验式 (8-5)、式 (8-6) 计算。

(2) 剪切时试样面积的校正，应按式 (8-16) 计算：

$$A_a = \frac{V_c - \Delta V_i}{h_c - \Delta h_i} \tag{8-16}$$

式中 ΔV_i——剪切过程中试样的体积变化，cm^3；

Δh_i——剪切过程中试样的高度变化，cm。

(3) 主应力差应按不固结不排水剪切试验式 (8-4) 计算。

(4) 有效应力比及孔隙水压力系数，应按固结不排水剪切试验式 (8-9) ～式 (8-13)计算。

(5) 主应力差与轴向应变关系曲线应按不固结不排水剪切试验绘制。

(6) 主应力比与轴向应变关系曲线应按固结不排水剪切试验绘制。

(7) 以体积应变为纵坐标，轴向应变为横坐标，绘制体应变与轴向应变关系曲线。

(8) 破损应力圆，有效内摩擦角和有效黏聚力应按固结不排水剪切试验的步骤绘制和确定。

五、注意事项

(1) 试验前，透水石要煮过沸腾把气泡排出，橡皮膜要检查是否有漏洞。

(2) 试验时，压力室内充满纯水，没有气泡。

六、思考题

(1) 同直接剪切试验相比，三轴压缩试验存在哪些优缺点？

(2) 三轴压缩试验中的3种试验的剪切速率各是多少？

(3) 根据试验结果，绘制不同周围压力下破损应力圆的包络线，求出抗剪强度参数。

七、试验记录

见附录中记录表8-1～表8-4。

试验九　击　实　试　验

一、基本原理

在建设过程中，经常会遇到填土或松软地基，为了改善这些土的过程性质，常采用压实的方法使土变得密实。击实试验就是模拟施工现场压实条件，使用锤击使土密度增大、强度提高、沉降变小的一种试验方法。目的是在室内利用击实仪，测定土样在一定击实功能作用下达到最大密度时的含水率（最优含水率）和此时的干密度（最大干密度），以了解土的压实特性，作为选择土密度、施工方法、机械碾压或夯实次数以及压实工具等的主要依据。

击实试验分轻型击实和重型击实，根据过程实际情况选用。对于水库、堤防填土等工程常用轻型击实，而高速公路填土和机场跑道等工程则采用重型击实法。

(1) 轻型击实：单位体积击实功约为 592.2kJ/m³，适用于粒径小于 5mm 的细粒土，分 3 层击实，每层 25 击。

(2) 重型击实：单位体积击实功约为 2684.9kJ/m³，适用于粒径不大于 20mm 的土。分 5 层击实，每层 56 击。采用 3 层击实时，最大粒径不大于 40mm。

二、仪器设备

(1) 击实仪主要由击实筒（图 9-1）和击实锤（图 9-2）组成。击实仪的击实筒和击锤尺寸应符合表 9-1。

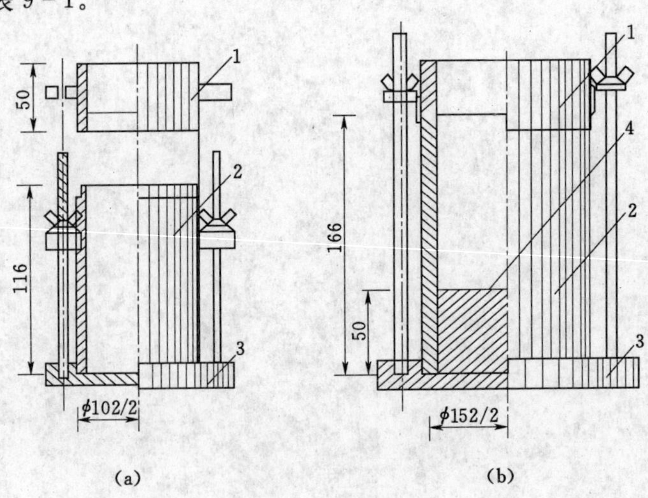

图 9-1　击实筒

(a) 轻型击实筒；(b) 重型击实筒

1—护筒；2—击实筒；3—底板；4—垫块

表 9-1　　击实仪主要部件规格表

试验方法	锤底直径（mm）	锤质量（kg）	落高（mm）	击实筒			护筒高度（mm）
				内径（mm）	筒高（mm）	容积（cm³）	
轻型	51	2.5	305	102	116	947.4	50
重型	51	4.5	457	152	116	2103.9	50

（2）天平：称量为 200g，感量为 0.01g；称量为 2kg，感量为 1g。

（3）台秤：称量为 10kg，感量为 5g。

（4）试样推土器：宜用螺旋式千斤顶或液压式千斤顶，如无此类装置，亦可用刮刀和修土刀从击实筒中取出试样。

（5）标准筛：孔径为 40mm、20mm、5mm。

（6）其他：喷水设备、碾土设备、修土刀、小量筒、盛土器、测含水率设备及保湿设备等。

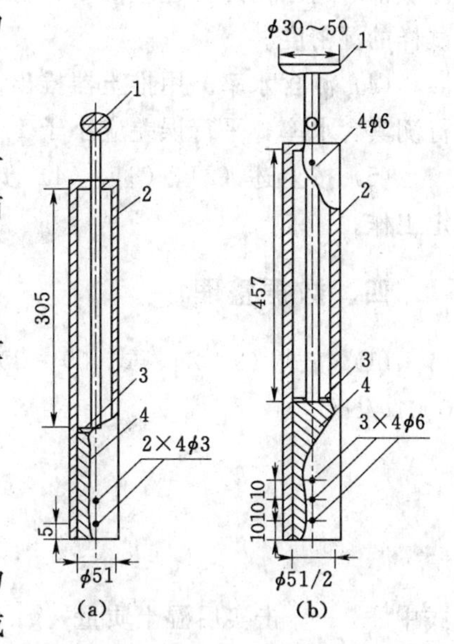

图 9-2　击锤和导筒

(a) 2.5kg 击锤；(b) 4.5kg 击锤

1—提手；2—导筒；3—硬橡皮垫；4—击锤

三、操作步骤

（1）制备土样分干法和湿法。

1）干法：用四分法取代表性土样 20kg（重型为 50kg），风干碾碎，过 5mm 筛（重型过 20mm 或 40mm 筛），并测定土样的风干含水率。根据土的塑限预估最优含水率，并按依次相差 2%的含水率制备一组试样（不少于 5 个）。

注意：2 个大于最优含水率，2 个小于最优含水率，1 个接近最优含水率。

2）湿法：取天然含水率的代表性土样 20kg（重型为 50kg），碾碎，过 5mm 筛（重型过 20mm 或 40mm 筛），将筛下土样拌匀，并测定土样的天然含水率。根据土样的塑限预估最优含水率，按干法加注的原则选择至少 5 个含水率的土样，分别将天然含水率的土样风干或加水进行制备，应使制备好的土样水分均匀分布。

注意：可将土样平铺于搪瓷盘中，用喷水设备加预定水量，均匀搅拌后，装入保湿器或塑料袋内，浸润时间一般为：高塑性土不少于 24h，低塑性土不少于 12h。

预加水量按式（9-1）计算：

$$m_w = \frac{m_0}{1 + 0.01 w_0} \times 0.01 (w_1 - w_0) \quad (9-1)$$

式中　m_w——所需加的水量，g；

m_0——湿土（或风干土）质量，g；

w_0——湿土（或风干土）含水率，%；

w_1——要求达到的含水率，%。

（2）分层击实。将击实仪平稳置于刚性基础上，击实筒与底座连接好，装好护筒，在击实筒内壁涂薄层凡士林油，称取一定量试样，倒入击实筒内，分层击实。轻型击实试样取2～5kg，分3层，每层25击；重型击实试样为4～10kg，分5层，每层56击，若分3层，每层94击。每层试样高度宜相等，两层交界处的土面应刨毛，击实时，落锤应铅直自由落下，锤迹必须均匀分布于土面上，击实后试样高于筒顶的高度应小于6mm。

(3) 称筒加土的质量。卸下护筒，用直刮土刀修平击实筒顶部的试样，拆除底板，试样底部若超出筒外，也应修平，擦净筒外壁，称筒与试样的总质量，准确至1g，并计算试样的湿密度。

(4) 测含水率。用推土器推出筒内试样，在土样中心处取两个各约15～30g的土，平行测其含水率，平行误差应小于1%。

(5) 按上述 (2)、(3)、(4) 步骤，依次将不同含水率的几个试样进行分层击实和测定工作。

四、数据整理

(1) 按式 (9-2)、式 (9-3) 分别计算击实后土的密度 ρ_0 和干密度 ρ_d，计算至0.01g/cm³。

$$\rho_0 = \frac{m}{v} \tag{9-2}$$

$$\rho_d = \frac{\rho_0}{1 + 0.01 w_i} \tag{9-3}$$

式中 m——击实后湿土质量，g；

v——击实筒容积，cm³；

w_i——某点试样的含水率，%。

(2) 以干密度 ρ_d 为纵坐标，以含水率 W 为横坐标，在直角坐标上绘制击实曲线。曲线上峰值点所对应的数值即分别为该土的最大干密度和最优含水率（图9-3）。如曲线不能给出峰值点，应进行补点试验。

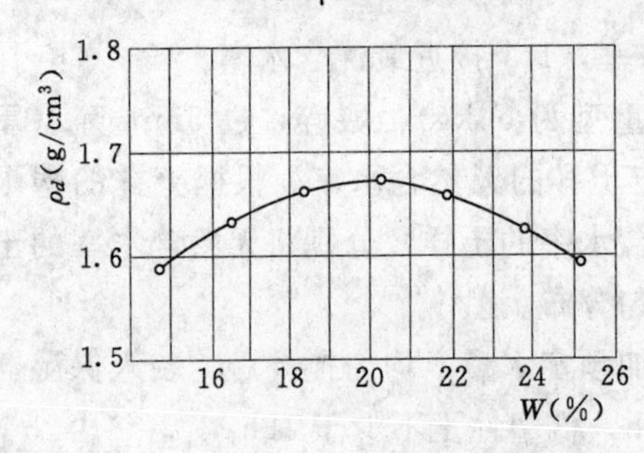

图9-3 击实曲线

(3) 轻型击实试验中粒径大于5mm的土质量小于或等于试样总质量的30%时，应对最大干密度和最优含水率进行校正。

1) 最大干密度应按式 (9-4) 校正：

$$\rho'_{d\max} = \frac{1}{\dfrac{1 - P_5}{\rho_{d\max}} + \dfrac{P_5}{\rho_w \cdot G_{s2}}} \tag{9-4}$$

式中 $\rho'_{d\max}$——校正后试样的最大干密度，g/cm³；

P_5——粒径大于5mm土的质量百分数，%；

G_{s2}——粒径大于5mm土粒的饱和面干比重。

注意饱和面干比重指当土粒呈饱和面干状态时的土粒总质量与相当于土粒总体积的纯水4℃时质量的比值。

2) 最优含水率应按式 (9-5) 进行校正，计算至0.1%：

$$w'_{opt} = w_{opt}(1 - P_5) + P_5 \cdot w_{ab} \tag{9-5}$$

式中 w'_{opt}——校正后试样的最优含水率，%；

w_{opt}——击实试样的最优含水率，%；

w_{ab}——粒径大于5mm土粒的吸着含水率，%。

五、注意事项

(1) 在装土击实前，击实筒内壁一定要涂薄层凡士林，以减小击实过程中土颗粒与筒内壁的摩擦力。

(2) 手工击实时，击锤应自由垂直落下，锤迹必须均匀分布于土面，防止击锤落点不均匀的现象。

(3) 试验装土时，每次应称量土重，控制余土高度小于6mm。如果余土高度不相等，或者每次击实功相差较大，则关系曲线上的各点就不能说是在等功能下的干密度，而且结果零散性增大。对同一含水率，余土高度越大，则试验测得的干密度比实际干密度越小。

六、成果应用

对于路基、土坝、墩台、挡土墙后的填土、埋设的管道或基础的垫层和回填土、人工填筑的地基等，需要采用压实的方法使土变得密实，从而改善其工程特性。土的压实质量判断标准是压实度，为此需要利用击实试验的成果。在压实施工前，取用现场代表填料进行击实试验，测定其最大干密度和最优含水率，根据国家规定的相关工程的压实度，提出现场土压实后的压实度，以此为设计、质量检验的标准，并用来指导填筑施工。

七、思考题

(1) 试验前在击实桶内壁涂抹凡士林有什么作用？

(2) 为什么要控制击实试验的余土高度？怎样控制余土高度可达到较好的效果？

八、试验记录

见附录中记录表9击实试验记录。

试验十　回弹模量试验（杠杆压缩仪法）*

一、试验原理

回弹模量是指路基、路面及筑路材料在荷载作用下产生的应力与其相应的回弹应变的比值，土基回弹模量表示土基在弹性变形阶段内，在垂直荷载作用下，抵抗竖向变形的能力，如果垂直荷载为定值，土基回弹模量值越大则产生的垂直位移就越小；如果竖向位移是定值，回弹模量值越大，则土基承受外荷载作用的能力就越大，因此，路面设计中采用回弹模量作为土基抗压强度的指标。影响土基回弹模量的因素很多，主要有：土质、压实度、含水量、试验方法、加荷方式等。当然基坑开挖过程也会发生底面卸荷和隆起等。

本试验采用杠杆压力仪法和强度仪法，杠杆压力仪法用于含水率较大硬度较小的试样。本方法适用于不同密度和湿度的细粒土。

二、试验设备

(1) 杠杆式压力仪（图 10－1）。

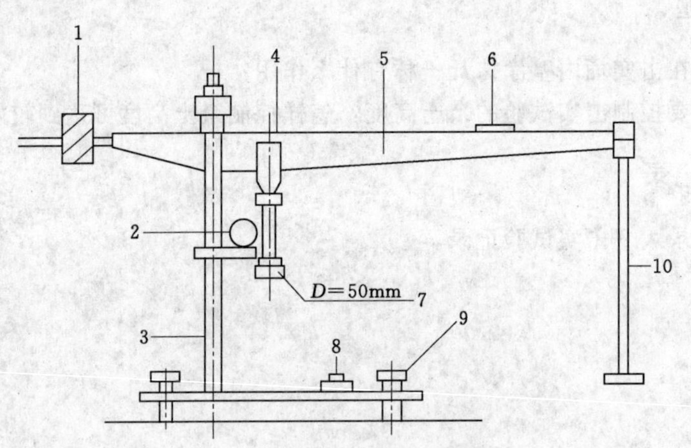

图 10－1　杠杆式压力仪

1—调平砝码；2—千分表；3—立柱；4—加压杆；5—水平杠杆；6—水平气泡；7—加压球座；8—底座水平气泡；9—调平脚螺丝；10—加载架

* 教学大纲要求的实验项目。

（2）试样筒：与击实筒相同，仅在于夯击底板的立柱联接的缺口上多一个内径 5mm 深 5mm 的螺丝孔，用来安装千分表支架。

（3）千分表：2 只，量程 2.0mm，分度值 0.001mm。

（4）承载板：直径 50mm，高 80mm（图 10 - 2）。

（5）秒表：分度值，0.1s。

三、操作步骤

（1）根据工程需求选择轻型或重型击实法制备试样，得出最大干密度和最优含水率，按最优含水率制备试样，以规定击数在击实筒内制备试样。

（2）将装有试样的击实筒底面放在杠杆式压力仪的底盘上，将承载板放在试样的中心位置，并与杠杆式压力仪的加压球座对正。将千分表固定在立柱上，并将千分表的测头安放在承载板的表架上。

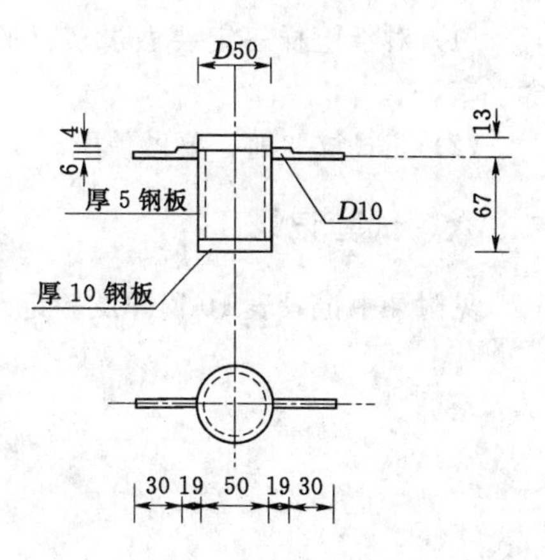

图 10 - 2　承压板

（3）在杠杆式压力仪的加载架上施加砝码，用预定的最大压力 p 进行预压。对含水率大于塑限的土，p=50～100kPa，对含水率小于塑限的土，p=100～200kPa，预压应进行 1～2 次，每次预压 1min 卸载。预压后调整承载板位置，并将千分表调到零位。

（4）将预定的最大压力分为 4～6 级进行加载，每级加载时间为 1min，记录千分表读数，同时卸载，当卸载 1min 时，记录千分表读数，再施加下一级荷载。如此逐级进行加载和卸载，并记录千分表读数，直至最后一级荷载。为使试验曲线的开始部分比较准确，可将第 1 级、第 2 级荷载再分别分成 2 小级进行加载和卸载，试验中的最大压力也可略大于预定的最大压力。

（5）土的回弹模量测定应进行 3 次平行试验，每次试验结果与回弹模量的均值之差应不超过 5%。

四、数据整理

（1）按式（10 - 1）计算每级荷载下试样的回弹模量：

$$E=\frac{\pi pD}{4l}(1-\mu^2) \tag{10-1}$$

式中　E——回弹模量，kPa；

p——承载板上的压力，kPa；

D——承载板直径，cm；

l——相应于压力的回弹变形（加载读数减卸载读数），cm；

μ——土的泊松比，一般取 0.35。

（2）以压力 p 为横坐标，回弹变形 l 为纵坐标，绘制 $p—l$ 曲线，如图 10 - 2 所示。每个试样的回弹模量取 $p—l$ 曲线上任一压力与其对应的 l 按式（10 - 3）计算。

（3）对于较软的土，如果 $p—l$ 曲线不通过原点，允许用初始直线段与纵坐标轴的交点当作原点，修正各级荷载下的回弹变形和回弹模量。

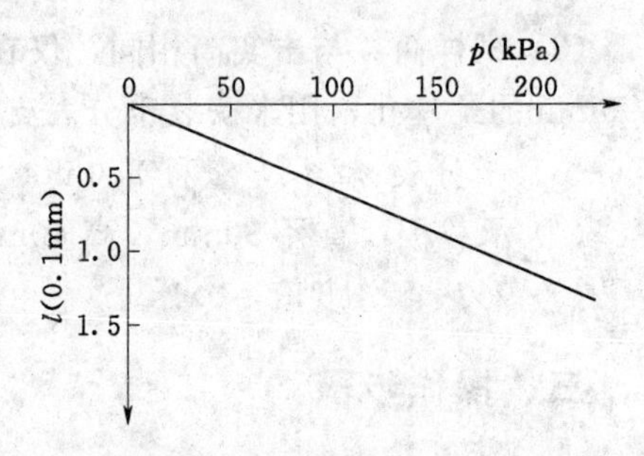

图 10-3　压力与回弹变形（p—l）的关系曲线

五、注意事项

(1) 对于土样一定要做击实试验，以取得最优含水率。

(2) 正式试验前，要做预压。

六、试验记录

见附录中记录表 10 回弹试验记录。

试验十一　渗　透　试　验*

一、试验原理

土孔隙中的自由水在重力作用下发生运动的现象，称为土的渗透性。用渗透系数表示它的大小。一般的，对于中砂、细砂，粉砂，渗透规律符合达西定律，用式（11-1）表示，对于粗砂、砾石、卵石等粗颗粒土，就不适合用达西定律；在黏土中，土颗粒周围存在着结合水，其自由水的渗流受到结合水的黏滞作用产生很大阻力，只有克服结合水的抗剪强度后才能开始渗流，故黏土中的渗透规律要用修正后的达西定律，用式（11-2）表示。

$$v = kI \tag{11-1}$$

$$v = k(I - I_0) \tag{11-2}$$

式中　v——渗透速度，m/s；

k——渗透系数，m/s；

I——水头梯度，即沿着水流方向单位长度的水头差；

I_0——初始水头梯度。

土的渗透系数的变化范围很大，从 $10^{-8} \sim 10^{-1}$ cm/s，不同的土采用不同的方法测定，粗粒土（沙质土）采用常水头渗透试验，细粒土（黏质土和粉质土）采用变水头渗透试验测定。

二、变水头渗透试验

1. 试验设备

（1）渗透容器：由环刀、透水石、套环、上盖和下盖组成，见图 11-1。

（2）变水头装置：由渗透仪器、变水头管、供水瓶、进水管等组成。变水头管的内径应均匀，管径不大于 1cm，管外壁应有最小分度值为 1.0mm 的刻度，长度为 2.0m 左右。

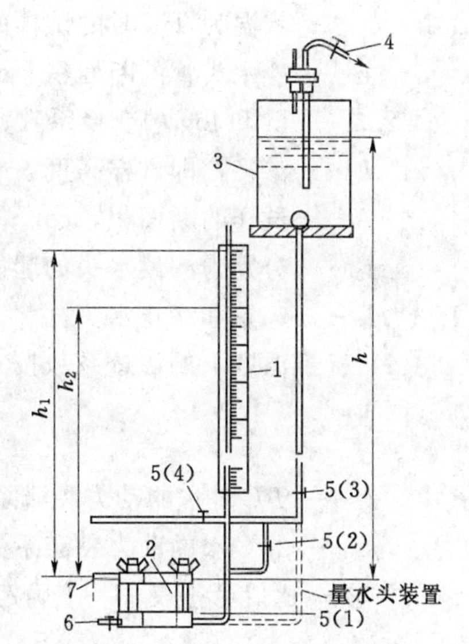

图 11-1　变水头渗透装置

1—变水头管；2—渗透容器；3—供水瓶；4—接水源管；5—进水管夹；6—排气管；7—出水管

（3）其他：切土刀，钢丝锯，秒表，温度计（刻

* 教学大纲要求的实验项目。

度 0～50℃，精度 0.5℃)，凡士林等。

2. 操作步骤

(1) 用渗透仪内的环刀切取土样，测定试样的含水率和密度。

(2) 将装有试样的环刀装入渗透容器，用螺母拧紧，要求密封至不漏水不漏气。对不易透水的试样，进行抽气饱和；对饱和试样和较易透水的试样，直接用变水头装置的水头进行饱和。

(3) 将渗透容器的进水口与变水头管连接，利用供水瓶中的纯水向进水管注满水，并渗入渗透容器，开排气阀，将容器侧立，排除渗透容器底部的空气，直至溢出水中无气泡，关排水阀，放平渗透容器，关进水阀。

(4) 向变水头管注纯水，使水升至预定高度，水头高度根据试样结构的疏松程度，一般不应大于 2m，待水位稳定后切断水源，开进水管夹，使水通过试样，当出水口有水溢出时，即可认为试样已达到饱和。开动秒表，记录水头 H_1 及时间 t_1，经时间 t 后，再测记 H_2 及 t_2，并测记出水口的水温。

(5) 将变水头管中的水位变换高度，待水位稳定再进行测记水头和时间变化，重复试验 5～6 次，当不同开始水头下测定的渗透系数在允许差值范围内时，结束试验。

3. 数据整理

(1) 变水头渗透系数应按式 (11-3) 计算：

$$k_T = 2.3\frac{aL}{A(t_2-t_1)}\log\frac{H_1}{H_2} \tag{11-3}$$

式中 k_T——水温为 T℃时的试样的渗透系数，cm/s；

a——变水头管的断面积，cm^2；

2.3——ln 和 log 的变换系数；

L——渗径，即试样高度，cm；

A——试样的断面积，cm^2；

t_1、t_2——分别为测读水头的起始和终止时间，s；

H_1、H_2——起始和终止水头。

(2) 标准温度下的渗透系数按式 (11-4) 计算：

$$k_{20} = \frac{\eta_T}{\eta_{20}}k_T \tag{11-4}$$

式中 η_T——T℃时水的动力黏滞系数，kPa·s；

η_{20}——20℃水的动力黏滞系数，kPa·s。

η_T 与 η_{20} 比值可查表 11-1 确定。

表 11-1 水的动力黏滞系数、黏滞系数比

温度 (℃)	动力黏滞系数 η (kPa·s)	$\frac{\eta_T}{\eta_{20}}$	温度 (℃)	动力黏滞系数 η (kPa·s)	$\frac{\eta_T}{\eta_{20}}$
5.0	1.516	1.501	6.5	1.449	1.435
5.5	1.498	1.478	7.0	1.428	1.414
6.0	1.470	1.455	7.5	1.407	1.393

续表

温度 (℃)	动力黏滞系数 η (kPa·s)	$\frac{\eta_T}{\eta_{20}}$	温度 (℃)	动力黏滞系数 η (kPa·s)	$\frac{\eta_T}{\eta_{20}}$
8.0	1.387	1.373	19.0	1.035	1.025
8.5	1.367	1.353	19.5	1.022	1.012
9.0	1.347	1.334	20.0	1.010	1.000
9.5	1.328	1.315	20.5	0.998	0.988
10.0	1.310	1.297	21.0	0.986	0.976
10.5	1.292	1.279	21.5	0.974	0.964
11.0	1.274	1.261	22.0	0.968	0.958
11.5	1.256	1.243	22.5	0.952	0.943
12.0	1.239	1.227	23.0	0.941	0.932
12.5	1.223	1.221	24.0	0.919	0.910
13.0	1.206	1.194	25.0	0.899	0.890
13.5	1.188	1.176	26.0	0.879	0.870
14.0	1.175	1.168	27.0	0.859	0.850
14.5	1.160	1.148	28.0	0.841	0.833
15.0	1.144	1.133	29.0	0.823	0.815
15.5	1.130	1.119	30.0	0.806	0.798
16.0	1.115	1.104	31.0	0.789	0.781
16.5	1.101	1.090	32.0	0.773	0.765
17.0	1.088	1.077	33.0	0.757	0.750
17.5	1.074	1.066	34.0	0.742	0.735
18.0	1.061	1.050	35.0	0.727	0.720
18.5	1.048	1.038			

三、常水头渗透试验

1. 试验设备

（1）常水头渗透装置：由金属封底圆筒、金属孔板、滤网、测压管和供水瓶组成，见图 11－2。金属圆筒内径为 10cm，高 40cm。当使用其他尺寸的圆筒时，圆筒的内径应大于试样最大粒径的 10 倍。

（2）其他：木槌，秒表，温度计（刻度 0～50℃，精度 0.5℃）等。

2. 操作步骤

（1）按图 11－2 装好仪器，量测滤网（金属孔板上）至筒顶的高度，将调节管和供水管相连，从渗水孔向圆筒充水至高出滤网顶面。

（2）取具有代表性的风干土样 3～4kg，准确至 1.0g，测定其风干含水率。将风干土样分层装入圆筒内，每层 2～3cm，用木槌轻轻击实到一定厚度，以达到要求的孔隙比。

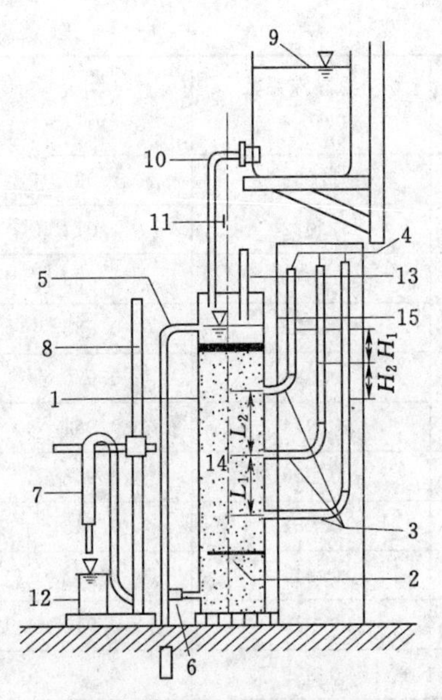

图 11-2　常水头渗透仪

1—封底金属圆筒；2—金属孔板；3—测压孔；4—玻璃测压管；5—溢水孔；6—渗水孔；7—调节管；8—滑动支架；9—容量为 500mL 的供水瓶；10—供水管；11—止水夹；12—容量为 500mL 的量筒；13—温度计；14—试样；15—砾石层

当试样中含黏粒时，应在滤网上铺 2cm 厚的粗砂作为过滤层，防止细粒流失。

(3) 每层试样装完后，连接供水管和调节管，并由调节管中进水，微开止水夹，使试样逐渐饱和。当水面与试样顶面齐平，关止水夹。饱和时水流不应过急，以免冲动试样。

(4) 按上述步骤逐层装试样，最后一层试样应高出测压管 3～4cm，并在试样顶面铺 2cm 砾石作为缓冲层，当水面高出试样顶面时，应继续充水至溢水孔有水溢出。

(5) 量试样顶面至筒顶高度，计算试样高度，称剩余土样的质量（准确至 1.0g），计算试样质量。

(6) 静置数分钟后，检查测压管水位，当测压管与溢水孔水位不平时，说明试样中或测压管接头处有集气阻隔，用吸球调整测压管水位，直至两者水位齐平。

(7) 将调节管提高至溢水孔以上，将供水管放入圆筒内，开止水夹，使水由顶部注入圆筒，降低调节管至试样上部 1/3 高度处，形成水位差使水渗入试样，经过调节管流出。调节供水管止水夹，使进入圆筒的水量多于溢出的水量，溢出孔始终有水溢出，保持圆筒内水位不变，试样处于常水头下渗透。

(8) 当测压管水位稳定后，测记测压管水位。并计算各测压管之间的水位差。按规定时间记录渗出水量，接取渗出水量时，调节管口不得浸入水中。测量进水和出水处的水温，取平均值。

(9) 降低调节管管口至试样的中部和下部 1/3 处，按 (7)、(8) 步骤重复测定渗出水量和水温，当不同水力坡度下测定的数据接近时，结束试验。

(10) 根据需要，改变试样的孔隙比，继续试验。

3. 数据整理

(1) 按式 (11-5) ～式 (11-7) 计算试样的干密度和孔隙比：

$$m_d = \frac{m}{1 + 0.01w} \tag{11-5}$$

$$\rho_d = \frac{m_d}{Ah} \tag{11-6}$$

$$e = \frac{\rho_w G_s}{\rho_d} - 1 \tag{11-7}$$

式中　m_d——试样干质量，g；

m——风干试样总质量，g；

w——风干含水率，%；

A——试样断面积，cm^2；

h——试样高度，cm；

e——试样孔隙比；

ρ_w——水4℃的密度，g/cm^3；

G_s——土粒相对密度。

（2）常水头渗透系数应按式（11-8）计算：

$$k_T = \frac{QL}{AHt} \tag{11-8}$$

式中 k_T——水温为T℃时的试样的渗透系数，cm/s；

Q——时间t秒内的渗出水量，cm^3；

L——渗径，即试样高度，cm；

A——试样的断面积，cm^2；

t——时间，s；

H——平均水位差，cm，可按（H_1+H_2）/2计算。

（3）标准温度下的渗透系数按式（11-4）计算。

四、注意事项

（1）试验中要求用无汽水，最好用实际作用于土中的天然水，但这一点很难做到。要求用脱气的纯水，水温应高于试样的温度3～4℃，避免低温的水进入较高温度的试样时，水将因温度升高而分解出气泡，以致堵塞孔隙。

（2）因为试样的饱和度越小，土的孔隙内残留气体越多，使土的有效渗透面积减小，同时，由于气体因孔隙水压力的变化而胀缩，使饱和度的影响成为一个不确定的因素，为了保证试验的精度，试验前一定要将试样饱和。

（3）一个试样在连续测定6～7次，计算3～4个允许差值不大于2×10^{-n}的数据的平均值，作为试样在该孔隙比下的渗透系数。

（4）土的渗透性是水流通过土孔隙的能力，土的孔隙大小决定了渗透系数的大小，测定渗透系数时，必须说明相适应的土的密度状态。

五、成果应用

影响渗透系数大小的因素很多，主要取决于土体颗粒的形状、大小、不均匀系数和水的黏滞性等。渗透系数用于判断土的渗透性的大小，计算地下水的流速等。土的渗透性直接关系到各种工程问题，如基坑开挖排水、路基排水等，因而，渗透试验也是土力学试验中的重要项目之一。

六、试验记录

见记录中表11-1、表11-2。

附录　试验记录表

每个记录表中均有以下内容，故省略。

工程名称：________　　试验者：________

工程编号：________　　计算者：________

试验日期：________　　校核者：________

记录表 1-1　　**颗粒分析试验记录（筛析法）**

风干土质量＝　　g　　小于 0.075mm 的土占总土质量百分数＝　　%

2mm 筛上土质量＝　　g　　小于 2mm 的土占总土质量百分数＝　　%

2mm 筛下土质量＝　　g

筛号	孔径 (mm)	累积留筛土质量 (g)	小于该孔径的土质量 (g)	小于该孔径的土质量百分数 (%)	小于该孔径的总土质量百分数 (%)
底盘总计					

记录表 1-2　　**颗粒大小分析试验记录（密度计法）**

试验时间 (min)	下沉时间 (min)	悬液温度 T（℃）	密度计读数					土粒有效沉降距离 L（cm）	粒径 d (mm)	小于某粒径的土质量百分数 (%)	小于某粒径的总土质量百分数 (%)
			密度计读数 R	温度校正值 m	分散剂校正值	$R_M=R+m+n-C_D$	$R_H=R_M\cdot C_G$				

记录表 2　　**土粒相对密度试验记录（相对密度瓶法）**

试样编号	相对密度瓶号	温度 T (℃)	液体比重查表 (g/cm³)	相对密度瓶质量 (g)	干土质量 (g)	瓶加液体质量 (g)	瓶加液体加干土质量 (g)	与干土同体积液体质量 (g)	土粒相对密度	平均值

记录表 3　　**含水率试验记录**

试样编号	盒号	样盒质量 $m_{盒}$（g）	盒加湿土质量 m_1（g）	盒加干土质量 m_2（g）	湿土质量 m_0（g）	干土质量 m_d（g）	含水率 (%)	平均含水率 (%)

记录表 4－1　　　　　　锥式仪液限试验记录

圆锥下沉深度：　　　　mm

试样编号	盒号	盒质量(g)	盒加湿土质量(g)	湿土质量(g)	盒加干土质量(g)	干土质量(g)	含水率(%)	液限(%)

记录表 4－2　　　　　　搓条法测塑限试验记录

试样编号	盒号	盒质量(g)	盒加湿土质量(g)	湿土质量(g)	盒加干土质量(g)	干土质量(g)	含水率(%)	塑限(%)

记录表 4－3　　　　　　液塑限联合试验记录

试样编号						
圆锥下沉深度（mm）						
盒号						
盒质量（g）						
盒＋湿土质量（g）						
盒＋干土质量（g）						
湿土质量（g）						
干土质量（g）						
水的质量（g）						
含水率（%）						
平均含水率（%）						
液限 W_L（%）						
塑限 W_P（%）						
塑性指数 I_P						
液性指数 I_L						
土的分类						

记录表 5－1　　　　　　密度试验记录（环刀法）

试样编号	环刀号	环刀质量(g)	环刀、湿土质量(g)	湿土质量(g)	试样体积(cm^3)	湿密度(g/cm^3)	平均湿密度(g/cm^3)	试样含水率(%)	干密度(g/cm^3)	平均干密度(g/cm^3)

记录表 5-2　　密度试验记录（蜡封法）

试样编号	试样质量（g）	蜡封试样质量（g）	蜡封试样水中质量（g）	温度（℃）	纯水在 T℃时的密度（g/cm³）	蜡封试样体积（cm³）	蜡体积（cm³）	试样体积（cm³）	湿密度（g/cm³）	含水率（%）	试样干密度（g/cm³）	平均干密度（g/cm³）
	(1)	(2)	(3)		(4)	$(5)=\frac{(2)-(3)}{(4)}$	(6)	(7)＝(5)－(6)	$(8)=\frac{(1)}{(7)}$	(9)	(10)	

记录表 6-1　　黏性土压缩试验记录（杠杆式压缩仪法）

土号：＿＿＿＿　环刀号：＿＿＿＿　湿土重（g）：＿＿＿＿　试验方法：＿＿＿＿

<table>
<tr><td rowspan="2">百分表读数 \ 压力
时间</td><td colspan="9">试验结果计算</td></tr>
<tr><td></td><td></td><td></td><td></td><td colspan="3">含水率（%）</td><td colspan="2">相对密度</td></tr>
<tr><td></td><td></td><td></td><td></td><td></td><td colspan="3" rowspan="2"></td><td colspan="2" rowspan="2"></td></tr>
<tr><td></td><td></td><td></td><td></td><td></td></tr>
<tr><td></td><td></td><td></td><td></td><td></td><td colspan="3" rowspan="2">环刀直径（cm）</td><td colspan="2" rowspan="2">环刀面积（cm²）</td></tr>
<tr><td></td><td></td><td></td><td></td><td></td></tr>
<tr><td></td><td></td><td></td><td></td><td></td><td colspan="3" rowspan="2">压缩系数，MPa⁻¹
（当 p＝0.1～0.2MPa）</td><td colspan="2" rowspan="2">压缩模量，MPa
（p＝0.1～0.2MPa）</td></tr>
<tr><td></td><td></td><td></td><td></td><td></td></tr>
<tr><td></td><td></td><td></td><td></td><td></td><td rowspan="2">垂直压力（MPa）</td><td rowspan="2">土样高（cm）</td><td rowspan="2">孔隙比</td><td rowspan="2">孔隙比差</td><td rowspan="2">压缩系数（MPa⁻¹）</td></tr>
<tr><td></td><td></td><td></td><td></td><td></td></tr>
<tr><td></td><td></td><td></td><td></td><td></td><td rowspan="8"></td><td rowspan="8"></td><td rowspan="8"></td><td rowspan="8"></td><td rowspan="8"></td></tr>
<tr><td></td><td></td><td></td><td></td><td></td></tr>
<tr><td></td><td></td><td></td><td></td><td></td></tr>
<tr><td></td><td></td><td></td><td></td><td></td></tr>
<tr><td></td><td></td><td></td><td></td><td></td></tr>
<tr><td></td><td></td><td></td><td></td><td></td></tr>
<tr><td></td><td></td><td></td><td></td><td></td></tr>
<tr><td></td><td></td><td></td><td></td><td></td></tr>
<tr><td>仪器变形量</td><td colspan="4"></td><td>备注</td><td colspan="4"></td></tr>
</table>

记录表 6-2　　固结试验记录

试样编号：＿＿＿＿　土粒相对密度 G_s：＿＿＿＿　试验前孔隙比 e_0：＿＿＿＿

仪器编号：＿＿＿＿　试验前试样高度 h_0：　2cm

含水率试验

项目	盒号	湿土质量（g）	干土质量（g）	含水率（%）	平均含水率（%）
实验前					

续表

项目	盒号	湿土质量（g）	干土质量（g）	含水率（%）	平均含水率（%）
实验后					

密　度　试　验

环　刀　号	湿土质量（g）	环刀容积（cm³）	湿密度（g/cm³）

加压历时	压力（MPa）	试样变形量（mm）	压缩后试样高度（mm）	孔隙比	压缩系数（MPa^{-1}）	压缩模量（MPa）	固结系数

记录表 6-3　　**固结试验记录**

压力	____MPa		____MPa		____MPa		____MPa		____MPa	
经过时间	时间	变形读数	时间	变形读数	时间	变形读数	时间	变形读数	时间	变形读数
0（min）										
0.1（min）										
0.25（min）										
1（min）										
2.25（min）										
4（min）										
6.25（min）										
9（min）										
12.25（min）										
16（min）										
20.25（min）										
25（min）										
30.25（min）										
36（min）										
42.25（min）										

续表

压力	___MPa		___MPa		___MPa		___MPa		___MPa	
经过时间	时间	变形读数	时间	变形读数	时间	变形读数	时间	变形读数	时间	变形读数
49 (min)										
64 (min)										
100 (min)										
200 (min)										
23 (h)										
24 (h)										
总变形量 (mm)										
仪器变形量 (mm)										
试样总变形量 (mm)										

记录表 7　　　　直接剪切试验记录

试样编号：　　　　仪器编号：　　　　测力计率定系数 K　　　　kPa/0.01mm

抗剪强度：　　　　kPa

垂直压力 (kPa)	手轮转数 (转)	测力计读数 (0.01mm)	剪应力 (kPa)	剪切位移 (0.01mm)	垂直位移 (0.01mm)
(1)	(2)	(3)	(4) ＝ (3) ×K	(5) ＝ (2)×20－(3)	(6)

记录表 8－1　　　　不固结不排水剪切三轴试验记录

钢环系数________N/0.01mm　　　　剪切速率________mm/min

周围压力	轴向变形	轴向应变	校正面积	钢环读数	主应力差
σ_3 (kPa)	Δh_i (0.01mm)	$\varepsilon=\Delta h_i h_0$ (%)	$A_a=\dfrac{A_0}{1-0.01\varepsilon_1}$ (cm²)	R (0.01mm)	$(\sigma_1-\sigma_3)$ (kPa)

记录表 8－2　　　　三轴压缩试验固结记录

加反压力过程							说明	固结过程							说明
时间 (min)	周围压力 (kPa)	反压力 (kPa)	孔隙水压力 (kPa)	孔隙水压力增量 (kPa)	试样体积变化			时间 (min)	量筒		孔隙水压力		体变管		
					读数 (cm³)	体变值 (cm³)			读数 (cm³)	排水量 (cm³)	读数 (kPa)	压力 (kPa)	读数 (cm³)	体变值 (cm³)	

记录表 8-3　　　　固结不排水剪切三轴试验记录

钢环系数________N/0.01mm　　剪切速率________mm/min　　周围压力________kPa

轴向变形 Δh (0.01mm)	轴向应变 ε_1 (%)	试样校正后面积 Aa (cm^2)	钢环读数 R (0.01mm)	主应力差 $\sigma_1-\sigma_3$ (kPa)	大主应力 σ_1 (kPa)	孔隙水压力 u (kPa)	σ_1' (kPa)	σ_3' (kPa)	有效主应力比 σ_1'/σ_3' (kPa)	$\frac{\sigma'_1+\sigma'_3}{2}$ (kPa)	$\frac{\sigma'_1-\sigma'_3}{2}$ (kPa)

记录表 8-4　　　　固结排水剪切三轴试验记录

钢环系数________N/0.01mm　　剪切速率________mm/min　　周围压力________(kPa)

轴向变形 (0.01mm)	轴向应变 ε_a (%)	校正面积 (cm^2)	钢环读数 (0.01mm)	$\sigma_1-\sigma_3$ (kPa)	比值 ε /($\sigma_1-\sigma_3$)	量管读数 (cm^3)	剪切排水量 (cm^3)	体应变 ε_v% V/V_c	径向应变 ε_r% $(\varepsilon_v-\varepsilon_a)/2$	比值 $\varepsilon_r/\varepsilon_a$	应力比 σ_1/σ_3

记录表 9　　　　击 实 试 验 记 录

实验序号	预估最优含水率：______%				风干含水率：______%				实验类别：______		
	筒加试样质量 (g)	筒质量 (g)	试样质量 (g)	筒体积 (cm^3)	湿密度 (g/cm^3)	干密度 (g/cm^3)	盒号	湿土质量 (g)	干土质量 (g)	含水率 (%)	平均含水率 (%)
	(1)	(2)	(3) = (1)−(2)	(4)	(5) = (3)/(4)	(6) = $\frac{(5)}{(1)+0.01(10)}$		(7)	(8)	(9)	(10)

最大干密度：________g/cm^3　　最优含水率：________%

记录表 10　　　　回 弹 试 验 记 录

加载级数	单位压力 (kPa)	砝码重力或测力计读数 (0.01mm)	量表读数 (0.1mm)						回弹变形 (0.1mm)		回弹模量
			加载			卸载					
			左	右	平均	左	右	平均	读数值	修正值	

记录表 11-1　　　　变水头渗透试验记录

开始时间	终了时间	经过时间 (s)	开始水头 (cm)	终了水头 (cm)	$2.3\times\frac{a\times L}{A\times(3)}$	$\lg\frac{H_1}{H_2}$	T℃时的渗透系数 (cm/s)	水温 (℃)	校正系数	水温 20℃ 渗透系数 (cm/s)	平均渗透系数 (cm/s)

记录表 11-2　　　　　　　　　　常水头渗透试验记录

试验次数	经过时间（s）	测压管水位（cm）			水位差			水力坡度	渗水量（cm）	T℃时的渗透系数（cm/s）	水温（℃）	校正系数	水温 20℃渗透系数（cm/s）	平均渗透系数（cm/s）
		Ⅰ	Ⅱ	Ⅲ	H_1	H_2	平均							

参 考 文 献

[1] 中华人民共和国国家标准．土工试验方法标准（GB/T 50123—1999）．

[2] 中华人民共和国行业标准．中华人民共和国水利部．土工试验规程（SL 237—1999）．

[3] 唐大雄，刘佑荣，张文殊，王清．工程岩土学．北京：地质出版社，1999．

[4] 袁聚云．土工试验与原理．上海：同济大学出版社，2003．

[5] 杨迎晓．土力学试验指导．杭州：浙江大学出版社，2006．

[6] 赵树德．土力学．北京：高等教育出版社，2001.12（2004 重印）．

[7] 陈国兴，樊良本，陈甦等．土质学与土力学，2 版．北京：中国水利水电出版社，知识产权出版社，2006．

[8] 南京水利科学研究院土工研究所．土工试验手册．北京：人民交通出版社，2003．

[9] 姚多喜，蔡劲松．《〈土质学与土力学〉室内试验指导书》，合肥：安徽理工大学．

[10] 土工试验指导书，山东水利职业学院，2003．

[11] 彭玉林，龚爱民，张慧颖，张云淑．土粒比重值的影响因素分析．昆明：云南农业大学学报，2006（6）12：821-825．

[12] 吕永高，李相然．土工试验中注意的问题与实验成果的综合分析．岩土工程界，2001，4（8）：53-54．

[13] 陈惠华，尹晓东．浅析如何提高室内土工试验指标准确性．长春：长春工程学院学报（自然科学版），2004，5（2）：19-21．

结 束 语

土工试验是试验土力学的重要组成部分，也是岩土工程勘察的重要工作内容，根据土工试验的结果，可以取得岩土体的物理力学性质指标，以供工程设计计算使用。

不同的建筑工程场地，其土质情况是很复杂的，在实际工程中，没有任何一个建筑场地会呈现出与其他场地土质特别相似的情形；即使在同一地点，土的性质也可能发生变化，有时甚至相当显著。由于岩土自身的不均匀性，在取样、运输过程中的扰动，试验仪器和操作方法的差异及试验人员的素质不同，都会使得土工试验中测试的结果存在这样那样的问题，导致测试结果失真，这在一定程度上影响了工程设计的准确性。因此在取得试验结果后，应根据各指标之间的影响因素，对试验数据进行全面分析，以验证各数据的合理性和正确性。

在土的物理性试验中，最常见的是土的相对密度、天然密度、含水率，是其中 3 个最基本的试验，用它们可以换算土的干密度、孔隙比、孔隙度、饱和度等指标，它们的变化，不仅影响其他指标的变化，而且将使土的一系列力学性质随之而异。因此，准确测定它们的值，有着重要的意义。在这 3 个基本指标中，土的相对密度是一个相对稳定的值，它决定于土的矿物成分，它的数值一般是 2.6～2.8。同一地区同一类型的土的相对密度基本相同，通常可以按经验数值选用。土的含水率则是 3 个指标中最不稳定的，不同的土其含水率就可能不一样，而且由于各种因素，如土层的不均匀、取样不标准、取土器和筒壁的挤压、土样在运输和存放期间保护不当等，都可以使含水率偏离真实值，影响土工试验成果的准确度。土的密度指标，虽然也是一个变化的值，不同的土样重度值不同，但对于某一个土样来说，它的值较稳定和比较容易测准的。土的这 3 个指标是基础，土的其他指标也将通过换算计算处理。

对于工程来说，土的液限、塑限有着比较重要的实用意义，土的塑性指数高，表示土中的胶体黏粒含量大，同时也表示黏土中可能含有蒙脱石或其他高活性的胶体黏粒较多。界限含水率，尤其是液限，能较好地反映出土的某些物理力学特性，如压缩性、胀缩性等。

土的物理性指标间是相互关联的，因此，当这些指标出来以后，可以将这些指标放到一起，进行综合的分析，从而对这些指标的准确性进行判别。比如，在开土的时候发现土是处在硬塑状态，而试验结果却是处在可塑或液塑状态，这种情况下，有可能是含水率测定有偏差；也可能液限、塑限结果存在误差，这两种情况的误差使得液性指数有误差，造成了试验结果判断与土样实际情况不一致。大多数情况下，是因为天然含水率不准造成土的状态确定不准。测含水率时一定要注意取用同一层的，烘干土样的时间一般情况下不要短于规范规定的时间，要保证含水率尽量准确。

击实试验可以测得土的最大干密度、最优含水率，影响试验准确性的因素主要有击实功和土的含水率，还有土的粒径级配及土料的虚铺厚度等。击实功是影响击实效果的重要因素，最大干密度和最优含水率都不是一个常数，而是随着击实功而变化的。同种情况下，击实功越大，测得的最大干密度就越大，而相应的最优含水率越小，故要控制试验余土高度使击实功尽可能地相同。土中含水率太大或太小都不能达到最大密实度。含水率太小，土中只有强结合水，强结合膜太薄，土颗粒间不易移动，不易密实；含水率太大，土中有自由水，在通常的工程荷载下，土中的固体颗粒和自由水都认为是不可压缩的，土中的自由水要占据一定的空间，所以土也不易密实。当土中的含水率为最优含水率时，土中具有一定的弱结合水膜，但没有自由水，弱结合水膜附在土粒上，可以随土粒一起移动，既起了润滑作用，又不会占据太大空间，所以土可以达到最大密实度。土的粒径级配和击实时土样的虚铺厚度也是影响击实效果的因素，这主要是由击实功的传递和土粒间的移动效果控制的。

土的力学性质主要取决于土的物质成分、结构和构造特点，还与受力条件有关。土在外力作用下的变形实质上是由于土粒或集合体及不同类型的水和气体相互移动的结果。因此土的物理性质和力学性质具密切相关性，在受力条件相同的情况下其力学性质主要取决土的物质成分、结构和构造特点，其压缩曲线的形状与土样的成分、结构、状态以及受力历史等有关。

土的力学性质指标主要有压缩系数和压缩模量、抗剪强度指标 c、φ，是由固结试验、剪切试验测得的。压缩系数是用固结试验测得的。从压缩曲线上看，若压缩曲线较陡，说明压力增加时孔隙比减小得多，则土的压缩性高，压缩系数大；若曲线是平缓的，则土的压缩性低，压缩系数小。压缩系数与含水率或液性指数存在一定的关系，同一类土，一般含水率、液性指数越大，土体越接近液态，其压缩性也越大，则压缩系数越大。如果在取土开土的过程中，感到土是较硬的或测出的液性指数较低，而测出的压缩系数大，这说明试验操作有误或记录有误，要检查各试验过程的各个环节，查出是液性指数有误或是压缩系数有误。

土的抗剪强度是指土体抵抗剪切破坏的极限能力，是土的重要力学性质之一。在计算承载力、评价地基稳定性以及计算挡土墙的土的压力时，都要用到土的抗剪强度指标。抗剪强度的试验方法有多种，室内常用的有直接剪切试验和三轴压缩试验。在常见的可塑状态下，随着黏粒含量的增多，压缩性降低，土的黏聚力增大，但内摩擦角较小。因此，硬塑或坚硬状态的黏土抗剪强度指标，比软塑和流动的黏性土大。土的含水率或液性指数的增大，土的强度和抗剪强度指标就降低；有机质的含量愈高，摩擦角变小，土的强度也随着降低。

由以上的分析可见，土的物理力学性质相互影响，物理性质的改变会使力学性质发生改变。因此，我们在判断实验结果是否准确，不能仅从理论上确定，更不能仅考虑某一个因素，而要结合实际情况具体分析，以期对土的物理力学性质有一个综合的正确的判断，正确提供土工试验的成果，供设计与施工使用。

责任编辑　武丽丽

销售分类：水利教材/土力学土质学试验

ISBN 978-7-5084-7289-8
9 787508 472898
定价：10.00 元

三峡水库下游河床冲刷与再造过程研究

卢金友 等 著

中国水利水电出版社
www.waterpub.com.cn